Peter Taylor

Erfolgsstrategie für Faulenzer

Für meine Mutter und meinen Vater, die im fortgeschrittenen Lebensalter entdeckt haben, wie viel Freude ihnen ausgedehnte Reisen rund um den Erdball bereiten.

Ich hoffe, die Einnahmen für dieses Buch werden mich für den Teil meines Erbes entschädigen, den sie auf ihren Reisen so unbekümmert verprassen.

Und für meinen Bruder Justin, der sich dezent aus allem heraushält, weil er im fernen Südafrika lebt.

Ich liebe euch sehr.

Peter Taylor

Erfolgsstrategien FÜR FAULENZER

Wie Sie beruflich und privat mit weniger Aufwand mehr erreichen

Aus dem Englischen von Birgit Hofmann

GABAL

Die englische Originalausgabe »The lazy winner. How to do more with less effort and succeed in your work and personal life without rushing around like a headless chicken or putting in 100 hour weeks« erschien 2011 bei Infinite Ideas, Oxford, UK

Bibliografische Information der Deutschen Bibliothek

Die Deutsche Bibliothek verzeichnet diese Publikation in der Deutschen Nationalbibliografie; detaillierte bibliografische Daten sind im Internet über http://dnb.d-nb.de abrufbar.

ISBN 978-3-86936-474-2

Lektorat: Susanne von Ahn, Hasloh
Umschlaggestaltung: Martin Zech, Bremen | www.martinzech.de
Umschlagfoto: laschi/shutterstock.com
Satz und Layout: Das Herstellungsbüro, Hamburg | www.buch-herstellungsbuero.de
Druck und Bindung: Salzland Druck, Staßfurt

www.gabal-verlag.de
www.twitter.com/gabalbuecher
www.facebook.com/Gabalbuecher

Inhalt

Vorwort

Jeder Mensch braucht gelegentlich einen kleinen Schubs in die richtige Richtung, und so war es auch bei mir. Ich hatte das Glück, zur richtigen Zeit am richtigen Ort zu sein, als sich mir eine günstige Gelegenheit bot, meinem Glück auf die Sprünge zu helfen.

Es war vor einiger Zeit in der Mittagspause. Ich vertrat mir ein wenig die Beine und versuchte, für eine Weile der Hektik und dem Stress im Büro zu entfliehen, und dabei stieß ich zufällig auf das Buch *Erfolgsstrategien für Faulenzer*.

Trotz meiner Vorbehalte gegen Ratgeber und Selbsthilfebücher im Allgemeinen gefiel mir bei diesem Buch auf Anhieb, dass es einfach und verständlich geschrieben schien und mich nicht mit überzogenen Versprechungen zu ködern versuchte. Tatsächlich wird der interessierte Leser gleich auf den ersten Seiten genau darüber informiert, was dieses Buch für ihn leisten beziehungsweise nicht leisten kann, sodass er die Möglichkeit hat, seine Kaufabsichten noch einmal zu überdenken.

Für mich setzte die Lektüre dieses Buchs eine Reihe von kleinen Veränderungen in Gang, die letztlich dazu führten, dass sich mein Leben von Grund auf änderte. Durch dieses Buch hat sich mein Traum erfüllt, ein erfolgreicher Faulenzer zu werden. Ich bin mir sicher, dass es für Sie dasselbe bewirken kann.

Nigel (von dem Sie später noch mehr erfahren werden)

Entscheidungshilfe

»Fleiß ist eine lahme Entschuldigung für mangelnde Faulheit.«

CHARLIE McCARTHY (EDGAR BERGEN)

Möchten Sie dieses Buch wirklich lesen?

Stopp! Lesen Sie nicht weiter!

Entschuldigung, ich meine natürlich: Lesen Sie dieses Kapitel und dann erst einmal nicht weiter. Befolgen Sie meine Anweisungen, bevor Sie mit der Lektüre fortfahren. Ich bin schließlich der Autor, vertrauen Sie mir. Es ist nur zu Ihrem Besten. Alles klar? Gut!

Zuerst werde ich Ihnen kurz erklären, was Sie in diesem Buch erwartet, und danach folgt ein kleiner Test, aus dem hervorgeht, ob es sich für Sie überhaupt lohnt, noch mehr Zeit (und auch Geld) in dieses Buch zu investieren.

Worum geht es in diesem Buch?

Erfolgsstrategien für Faulenzer wendet sich an Menschen, die mit weniger Aufwand mehr erreichen und ihr Privat- und Arbeitsleben erfolgreicher bewältigen möchten, ohne wie ein kopfloses Huhn hin und her zu rennen oder 100 Stunden pro Woche zu schuften. Dass zu viel Arbeit schlecht für das persönliche Wohlbefinden und die Karriere ist und die viel gepriesene »Work-Life-Balance« – das Gleichgewicht zwischen Privat- und Arbeitsleben – empfindlich stört, ist Ihnen sicherlich klar. Ebenso klar dürfte Ihnen sein, dass Sie den Faktor

»Arbeit« leider nicht einfach aus der Gleichung streichen können, um den damit gewonnenen Zeit- und Energieüberschuss in den privaten Teil fließen zu lassen. Auch das ergäbe kein Gleichgewicht zwischen Privat- und Arbeitsleben. Es soll zwar Menschen geben, die bis ans Ende ihrer Tage finanziell ausgesorgt* haben und sich daher ganz ihrem ausgewogenen Privatleben widmen können, doch falls Sie nicht zu diesen Glücklichen gehören, müssen Sie sich etwas einfallen lassen, um ein »echtes« Gleichgewicht zwischen diesen Bereichen herzustellen, das sich in Ihrem Alltag aufrechterhalten lässt.

Sie sind sicherlich gut in Ihrem Job und befinden sich beruflich bereits jetzt auf Erfolgskurs. Ich möchte Ihnen einen Weg zeigen, auf dem Sie Ihre beruflichen und privaten Ziele noch schneller und müheloser verwirklichen können, ohne sich mehr dafür abrackern zu müssen.

Erfolgsstrategien für Faulenzer baut auf dem Konzept des »produktiven Faulenzens« auf, das darin besteht, sich immer zuerst gedanklich eingehend mit einer Aufgabe oder einem Problem auseinanderzusetzen, bevor man in hektischen Aktivismus verfällt und unnötigen Aufwand betreibt. Es gibt wahrlich einfachere Wege, um privat und beruflich vorwärtszukommen, als sich von früh bis spät abzuhetzen und sich am

---

* Falls Sie tatsächlich gerade faul auf dem Sonnendeck Ihrer Jacht herumlümmeln und sich mit diesem Buch nur die Zeit vertreiben, bis Ihnen der Kaviar serviert wird, dürfen Sie mir gern eine großzügige Spende überweisen. Meine Bankverbindung finden Sie auf meiner Webseite www.thelazywinner.com. Herzlichen Dank! Natürlich werden dafür sämtliche gängigen Kreditkarten akzeptiert.

Ende des Tages zu fragen, wozu die ganze Hektik gut war und ob man überhaupt etwas erreicht hat.

Mit einer anderen Herangehensweise an die Planung und Ausführung Ihrer Aufgaben werden auch Sie bald zu den siegreichen Faulenzern zählen, Ihre privaten und beruflichen Ziele erreichen und mit minimalem Aufwand beeindruckende Erfolge erzielen.

Worum geht es in diesem Buch nicht?

Ich möchte, dass Sie die richtige Entscheidung hinsichtlich dieses Buchs treffen und verstehen, worauf es abzielt: Sie – hoffentlich – auf Erfolgskurs zu bringen. Sie sollten aber auch wissen, worum es in diesem Buch nicht geht und was Sie sich davon nicht erhoffen können.

Es gibt Hunderte von Selbsthilfebüchern, die von sich behaupten, sie könnten Ihnen zu »mehr Geld, mehr Sex und einem längeren, glücklicheren Leben verhelfen«. Dieses Buch gehört definitiv nicht zu dieser Kategorie. (Und schon habe ich mich vermutlich um eine Million verkaufter Bücher gebracht, aber Ehrlichkeit hat eben ihren Preis.*)

* Mein Herausgeber weist ausdrücklich darauf hin, dass dieses Buch Ihnen durchaus zu all dem verhelfen könnte, was andere Ratgeber versprechen. Vielleicht sollten Sie es sicherheitshalber ja doch kaufen ... eine pauschale Erfolgsgarantie wird jedoch nicht gewährt. (Unter dem Stichwort »Ratgeber« sind bei Amazon derzeit sage und schreibe knapp 294 000 Bücher auf Deutsch verfüg-

Ich bin davon überzeugt, dass Sie sich – abhängig von Ihrem Ausgangspunkt und Ihren persönlichen Erwartungen – Ihr Leben sehr viel einfacher und angenehmer gestalten können, wenn Sie bereit sind, einige simple kleine Veränderungen vorzunehmen.

Dieses Buch ist als eine Art Navigationssystem zu betrachten, mit dem Sie Ihre Route auf dem Weg zum Erfolg planen können. Es leitet Sie Schritt für Schritt an, eine Ihnen angenehme und passend erscheinende Stufe des »produktiven Faulenzens« zu erreichen. Und genau das ist der springende Punkt, den es zu verstehen gilt. Sie sollen keinesfalls Ihr persönliches Universum nach der Big-Bang-Methode* neu erschaffen, und es ist auch nicht erforderlich, dass Sie sämtliche Vorschläge zu 100 Prozent umsetzen, um positive Veränderungen zu erzielen. Ich bin davon überzeugt, dass Sie beständig kleine, aber wichtige Erfolge verbuchen können, wenn Sie das Gelernte nach jedem Schritt in der Praxis anwenden.

---

bar. 2010 wurden mit Ratgebern und Anleitungen zur Selbsthilfe angeblich fast 12 Milliarden US-Dollar an Umsätzen erzielt.) Nur so ein Gedanke: Vielleicht sollte das nächste Buch dieser Reihe unter dem Titel *Faulenzerstrategien, die Ihnen zu mehr Geld und mehr Sex verhelfen* erscheinen.

* Der »Big Bang« – der Urknall – bezeichnet nach dem Standardmodell der Kosmologie den Moment, an dem unser Universum entstanden ist. Analog dazu spricht man im technischen Bereich (insbesondere bei Softwareumstellungen) von der Big-Bang-Methode, wenn ein Altsystem zu einem bestimmten Zeitpunkt vollständig abgeschaltet und durch ein neues System ersetzt wird.

Viele Ratgeber und Selbsthilfebücher setzen voraus, als eine Art »Bibel« betrachtet zu werden, deren Gebote vom Leser wortgetreu und hundertprozentig umgesetzt werden. Sollte sich der gewünschte Effekt doch nicht einstellen, liegt das dann natürlich an der Nachlässigkeit des Lesers.

Dieses Buch ist anders.

Brauchen Sie dieses Buch nun oder nicht?

Bevor Sie sich entscheiden, sollten Sie zuerst einige Überlegungen anstellen.

Wie reagieren Sie, wenn Sie in ein neues Projekt einbezogen oder mit einer neuen Aufgabe betraut werden? Lassen Sie sich von der allgemeinen Aufregung anstecken und mitreißen? Oder sind Sie eher der fatalistische Typ, der die Dinge nimmt, wie sie kommen? Oder bleiben Sie ruhig und gelassen und überlegen sich erst einmal Folgendes:

- Möchte ich diese Aufgabe überhaupt übernehmen? Wenn ja, ist es notwendig, dass ich das tue?
- Lohnt das voraussichtliche Ergebnis die Mühe?
- Muss ich das unbedingt selbst erledigen?
- Wie komme ich am schnellsten und einfachsten zum Ziel, wenn ich mich selbst darum kümmern muss?
- Wann genau ist die Ziellinie erreicht, und ab wann vergeude ich nur meine Zeit?

Wenn Sie bei allen fünf Fragen gedacht haben, »Ja, genau! Diese Fragen stelle ich mir jedes Mal«, sollten Sie Ihr Geld lieber für ein anderes Buch ausgeben.* Sehr wahrscheinlich stehen Sie bereits auf der »Gewinnerseite«.

Sollten Sie allerdings der Meinung sein, diese Fragen seien zu schwierig, um sie spontan zu beantworten – und ich befürchte, das dürfte bei den meisten Leuten der Fall sein –, gibt es nur zwei Möglichkeiten: Entweder sind Sie ein glückliches, kopfloses Huhn und arbeiten gerne 100 Stunden pro Woche, oder Sie sind nicht glücklich und verzweifelt auf der Suche nach Hilfe.

Wenn die 100-Stunden-Woche Ihrer Vorstellung von Glück entspricht, brauchen Sie dieses Buch auch nicht. Machen Sie einfach weiter wie bisher, ich wünsche Ihnen alles Gute. Es ist wunderbar, dass Sie wunschlos glücklich sind und Ihren Seelenfrieden gefunden haben.

Falls Sie nun aber ins Grübeln geraten sind und sich durchaus vorstellen können, hier und da kleine Veränderungen vorzunehmen – wenn Sie nur wüssten, wo Sie ansetzen und wie Sie es anstellen können –, sollten Sie die Kunst des produktiven Faulenzens erlernen. Und – wer hätte das gedacht? – *Erfolgsstrategien für Faulenzer* leitet Sie genau darin an.

---

* Vielleicht einen Ratgeber, der Ihnen zu »mehr Geld und mehr Sex« verhilft?

Stellen Sie sich die obigen Fragen noch einmal im Hinblick auf die Lektüre dieses Buchs:

- Möchte ich *Erfolgsstrategien für Faulenzer* lesen? Ist es notwendig, dass ich das tue? Was Sie bisher gelesen und sich bei den Fragen oben gedacht haben, sollte ausreichen, um sich diese Frage beantworten zu können.

- Lohnt die Lektüre von *Erfolgsstrategien für Faulenzer* die Mühe? Ich verspreche Ihnen, dass Sie weder Blut, Schweiß noch Tränen vergießen müssen, um den maximalen Nutzen aus diesem Buch zu ziehen. Meine Devise lautet, nicht härter, sondern cleverer zu arbeiten, und ich praktiziere, was ich predige. Ihr Lohn steht im direkten Verhältnis zu Ihrem Aufwand.

- Muss ich *Erfolgsstrategien für Faulenzer* unbedingt selbst lesen? Das wäre optimal, aber für ein bescheidenes Honorar können Sie mich auch gern als Vorleser buchen. An Ihrer Stelle würde ich es selbst lesen, aber die Entscheidung liegt natürlich bei Ihnen.

- Wie komme ich am schnellsten und einfachsten zum Ziel, wenn ich *Erfolgsstrategien für Faulenzer* selbst lese? In diesem Buch führen viele Wege zu dem Ziel, produktiv zu faulenzen. Als cleverer, aber fauler Autor habe ich unterwegs viele kleine Erfolgsziele eingebaut, die Sie sicherlich mühelos erreichen werden.

- Wann genau ist die Ziellinie erreicht, und ab wann vergeude ich nur meine Zeit? Sobald Sie sich nicht mehr wie ein kopfloses Huhn fühlen und Ihre Arbeitsstunden auf ein vernünftiges Maß reduziert haben, sind Sie an dem Punkt angelangt, an dem sich Ihre Investition bezahlt macht.

Was möchten Sie lieber sein: ein entspannter Gewinner oder ein gestresster Verlierer?*

Nachdem ich Ihnen offen und ehrlich verraten habe, worum es in diesem Buch geht, glauben Sie mir hoffentlich, dass ich es nur gut mit Ihnen meine und nicht auf Ihr Geld aus bin. Wie viele der unzähligen Ratgeber und Selbsthilfebücher, die Tag für Tag über den Ladentisch gehen, werden wohl von der ersten bis zur letzten Seite gelesen? Wie viele erfüllen die Hoffnungen des Lesers und den vom Autor beabsichtigten Zweck? Wie viele verstauben in irgendeinem Bücherregal oder landen in einer Flohmarktkiste? Es ist nur allzu menschlich, ich weiß ... man nimmt sich vor, etwas zu verändern, doch es erweist sich als mühsam und schwierig, und dann bleibt doch alles beim Alten, was ja viel einfacher und bequemer ist. Ich habe mindestens 20 wunderbar aufgemachte Kochbücher mit tollen Hochglanzfotos und anregenden Rezepten, aber letztendlich koche ich doch meistens etwas aus meinem Standardrepertoire. Schon seltsam.

---

* Schon klar, natürlich sind Sie kein Verlierer, so habe ich das nicht gemeint. Was ich damit sagen will, ist, dass Sie aufgrund einer unklugen Arbeitsweise vielleicht enorm viel verpassen.

Aber genug davon, es geht hier ja nicht um mich, sondern um Sie. Es wird Zeit, dass Sie eine Entscheidung treffen.

Entscheiden Sie sich jetzt!

Wie lautet Ihre Entscheidung? Ich habe Sie darum geben, alle Fragen wahrheitsgemäß zu beantworten, und höchstwahrscheinlich wissen Sie gerade nicht, ob es sechs oder nur fünf Fragen waren. Ehrlich gesagt habe ich vor lauter Aufregung auch den Überblick verloren. Da dies aber ein Buch über die effizienteste Arbeitsweise der Welt ist – produktives Faulenzen –, beantworten Sie sich einfach die eine alles entscheidende Frage, die Ihr Leben möglicherweise völlig auf den Kopf stellen wird: »Bin ich glücklich?« Und? Sind Sie's?

Nun machen Sie schon, lieber Leser, versüßen Sie mir den Tag ...* Oder besser gesagt, versüßen Sie sich Ihren Tag und alle, die noch folgen, indem Sie sich eine bessere Arbeitsweise aneignen und die Erfolgsstrategien des produktiven Faulenzens erlernen.

---

* Der berühmte Spruch »Mach schon, versüß mir den Tag« (im Original: »Go ahead, make my day«) stammt aus der Feder des Autors Joseph C. Stinson und wurde 1983 in *Dirty Harry IV – Dirty Harry kommt zurück* von Clint Eastwood in der Rolle des Inspektors Harry Callahan gesprochen. Hinweis an die Fans von Clint Eastwood: Der Autor weigert sich, das vollständige Zitat aus dem ersten *Dirty Harry*-Spielfilm aus dem Jahr 1971 (Regie und Produzent: Don Siegel) zu verwenden und den Leser auch noch zu beschimpfen.

Denken Sie daran:

»Den Fortschritt bringen nie die Frühaufsteher, sondern die Bequemen, die Faulen, die nach Mitteln und Wegen suchen, sich das Leben zu vereinfachen.«*

---

* Aus *Die Leben des Lazarus Long* (Originaltitel: *Time Enough for Love*) von dem US-amerikanischen Science-Fiction-Schriftsteller Robert Heinlein (1907–1988). Hinweis: Dieses Zitat inspirierte mich dazu, das Konzept des produktiven Faulenzens auszuarbeiten. Im Lauf meiner Dozententätigkeit habe ich schon unzählige Menschen an neue Aufgaben und Rollen herangeführt und mich immer gefragt, weshalb manche Leute – einschließlich mir – so viel entspannter, organisierter und gelassener sind als andere und doch vergleichbar gute oder sogar bessere Ergebnisse erzielen. Nachdem ich Robert Heinleins Zitat gelesen habe, wurde mir vieles klar. Die Antwort ist ganz simpel: Ich bin ein Faulpelz, und das ist gut so. Sehr gut sogar, davon bin ich überzeugt.

»Haben Sie niemals Angst davor, etwas Neues auszuprobieren.

Immer daran denken:

Die Titanic wurde von Profis gebaut. Die Arche Noah aber von einem Amateur.«

DAVE BARRY

Faulenzen

Sie befinden sich hier

Um Ihnen den bevorstehenden Lern- und Veränderungsprozess so einfach und angenehm wie möglich zu gestalten, werden Sie regelmäßig die Gelegenheit haben festzustellen, wie weit Sie bereits gekommen sind.* Stellen Sie sich dieses Buch als eine Art »Navi«** vor, das Sie sicher ans Ziel bringt, Ihnen aber nicht mit beharrlichen Ansagen auf die Nerven geht, wenn Sie von der geplanten Route abweichen oder sich für ein anderes Ziel entscheiden, das Ihnen interessanter erscheint.

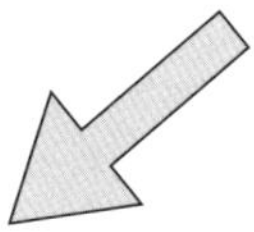

Sie befinden sich hier

---

* Schummeln ist natürlich auch erlaubt – wenn es produktiv ist und dem Faulenzen dient. Schließlich kann ich (als selbst ernannter Meisterfaulpelz) nicht von Ihnen erwarten, zigtausend Wörter zu lesen, wenn Sie eine gute Abkürzung erkennen, auf der Sie schneller und einfacher ans Ziel kommen.

** »Navi« ist die geläufige Abkürzung für die Satellitennavigationssysteme, die in Kraftfahrzeugen zum Einsatz kommen. Fast alle nutzen GPS (Global Positioning System) zur Positionsbestimmung des jeweiligen Fahrzeugs und alle verfügen über eine umfangreiche Karten- und Adress-Datenbank. Anhand der in der Datenbank verfügbaren Informationen kann Sie Ihr Navigationssystem auch auf Tankstellen, Hotels und andere wichtige Einrichtungen hinweisen, die entlang Ihrer Route liegen.

Schon gut, ich weiß, im Moment ist die Standortbestimmung noch ziemlich überflüssig, da Sie sich ja noch gar nicht auf den Weg gemacht haben. Oder etwa doch? Ja, Sie haben sich tatsächlich schon von Ihrem Startpunkt fortbewegt, denn Ihre Entscheidung, den Weg des produktiven Faulenzens einzuschlagen, stellt bereits den ersten kleinen, aber bedeutsamen Schritt in Ihrem Veränderungsprozess dar.

Und erste Erfahrungen mit der produktiven Faulenzermethode haben Sie übrigens auch schon gesammelt.

Als kleiner Bonus dafür, dass Sie sich von einem Teil Ihres sauer verdienten Geldes (für das Sie sich vermutlich 100 Stunden pro Woche abrackern) getrennt haben, durften Sie bei dem Entscheidungsprozess, den Sie hinter sich haben, produktives Faulenzen in Aktion erleben. Ist das nicht fantastisch?

Da Sie vorab einige Minuten Ihrer kostbaren Zeit investiert haben, wissen Sie nun entweder definitiv, dass Sie sich die Zeit und Mühe sparen können, den Rest des Buchs zu lesen (auch wenn Sie ein paar Euro, Pfund, Dollar, Yen oder was auch immer ärmer sind, sind Sie doch um eine Erfahrung reicher). Oder Sie sind jetzt wild entschlossen, sich zu konzentrieren und zu lernen, wie Sie in Zukunft rundum produktiver zu Werke gehen können. Beides sind wichtige Lektionen.

Nun ist aber endgültig Schluss mit dem Vorgeplänkel, kommen wir zur Sache.

Darf ich vorstellen: Nigel

Nun wird es Zeit, Ihnen Nigel vorzustellen, der sich – wie Sie – daranmacht, sein Leben zu verändern, einen eigenartigen Sinn für Humor besitzt – wie Sie gleich erfahren werden – und mit Vorliebe Schilder mit Sprüchen, die ihm gerade besonders gut gefallen, an seinem Arbeitsplatz aufhängt.

*Making Plans for Nigel** wäre auch ein passender Titel für dieses Buch gewesen.

Unser Held Nigel ist so ein Typ, wie ihn jeder von uns kennt (wenn Sie sich lieber eine Nigella vorstellen möchten, nur zu).

Making Plans for Nigella wäre ebenfalls ein passender Titel für dieses Buch gewesen.

Im Großen und Ganzen ist Nigel (Nigella) glücklich und zufrieden mit seinem (ihrem) Leben. Eigentlich könnte alles so weiterlaufen wie bisher, wenn ihn (sie) nicht manchmal

---

* Über Nigel(la) gibt es sogar einen Song. Er heißt »Making Plans for Nigel« und ist auf dem am 17. August 1979 erschienenen Album *Drums and Wires* von XTC zu finden. In den Album-Charts im Vereinigten Königreich landete »Making Plans for Nigel« auf Platz 34 und auf der Hitliste des US-amerikanischen Billboard-Magazins rangierte er auf Platz 176. Der beliebte Hit wurde am 14. September 1979 auch als Single veröffentlicht, die in Großbritannien Platz 17 der Singles-Chart erreichte. Hinweis: Indem der Autor – aus reinem Eigennutz – auch die weibliche Form von Nigel verwendet, um den Namen seiner Lieblings-TV-Köchin – Nigella Lawson – einfließen zu lassen, gelang es ihm, eine Wette zu gewinnen, was ihm einen kleinen finanziellen Gewinn und große persönliche Genugtuung verschaffte.

diese kleinen, nagenden Zweifel überkämen. Nein, so geht das nicht weiter. Wie Sie sehen, bemühe ich mich um politische Korrektheit und die Gleichberechtigung der Geschlechter. Können wir uns trotzdem darauf einigen, dass ab jetzt auch immer Nigella gemeint ist, wenn ich von Nigel spreche und umgekehrt? Ja? Danke!

Nigel ist ein Mensch wie Sie und ich. Er war gerade mit irgendwelchen anderen Dingen beschäftigt, als ihn das Leben ablenkte. Genauer gesagt, der Sinn des Lebens, denn davon handelt eine von Nigels Lieblingsgeschichten, die er oft und gerne erzählt. Sie geht folgendermaßen:

Am ersten Tag erschuf Gott die Kuh.

Gott sprach zu ihr: »Lass dich vom Bauern auf die Weide führen, und harre dort den ganzen Tag in der prallen Sonne aus. Gebäre Kälber und gib Milch, um den Bauern zu ernähren. Ich schenke dir eine Lebenszeit von sechzig Jahren.« Die Kuh entgegnete: »Sechzig Jahre lang ein solches Leben zu führen, ist ganz schön hart! Lass mich lieber nur zwanzig Jahre leben, die restlichen vierzig kannst du zurückhaben.«

Damit war Gott einverstanden.

Am zweiten Tag erschuf Gott den Affen.

Gott sprach zu ihm: »Erfreue die Menschen, führe Kunststückchen vor und bringe sie zum Lachen. Ich schenke dir eine Lebenszeit von zwanzig Jahren.« Der Affe entgegnete: »Ich soll mich zwanzig Jahre lang zum Affen machen und Kunststückchen vorführen? Wie öde! Nein danke, kein Interesse. Die Kuh hat dir vierzig Jahre zurückgegeben, und ich gebe dir zehn zurück, einverstanden?«

Wieder war Gott einverstanden.

Am dritten Tag erschuf Gott den Hund.

Gott sprach zu ihm: »Setze dich den ganzen Tag vor das Haus und kläffe jeden an, der vorbeiläuft oder hereinkommen will. Ich schenke dir eine Lebenszeit von zwanzig Jahren.« Der Hund entgegnete: »Ich kann unmöglich zwanzig Jahre lang kläffen. Lass mich zehn Jahre leben, die anderen zehn kannst du zurückhaben.«

Auch damit war Gott einverstanden.

Am vierten Tag erschuf Gott den Menschen.

Gott sprach zu ihm: »Iss, schlafe, spiele, habe Sex und Spaß, tue nichts, außer dein Leben zu genießen. Dafür schenke ich dir zwanzig Jahre.« Der Mensch entgegnete: »Was? Nur zwanzig Jahre? Wieso das denn? Pass auf, das machen wir anders. Du schenkst mir meine zwanzig und legst die vierzig von der Kuh, die zehn vom Affen und die zehn vom Hund noch obendrauf und gewährst mir achtzig Lebensjahre. In Ordnung?«

Und Gott sagte: »Okay, abgemacht!«

Und deswegen macht der Mensch die ersten zwanzig Jahre seines Lebens nichts, außer essen, schlafen, spielen, Sex und Spaß haben, schuftet die nächsten vierzig Jahre seines Lebens in der prallen Sonne, um die Familie zu ernähren, macht sich danach zehn Jahre lang zum Affen, um seine Enkelkinder zum Lachen zu bringen, und verbringt die letzten zehn Jahre seines Lebens damit, vor dem Haus zu sitzen und jeden anzukläffen.

Trotz seines seltsamen Humors ist Nigel ein anständiger Kerl und dankbar für das, was er hat. Er weiß aber auch, dass vieles nicht gerade optimal läuft, und eine leise Stimme in seinem Hinterkopf flüstert ihm immer wieder ein, wie gut es für ihn und seine Familie wäre, wenn er einige Dinge anders anpacken würde.

Was könnte er tun? Weshalb rackert er sich so ab und kann selten pünktlich Feierabend machen? Weshalb ist er ständig müde? Warum hat er immer das Gefühl, mit allem im Verzug zu sein und keinen Schritt voranzukommen? Warum wird sein Posteingang immer voller und seine Aufgabenliste immer länger? Das Leben erscheint ihm wie eine Tretmühle, in der er sich abstrampelt, ohne vom Fleck zu kommen. Aber wieso gleiten andere Menschen anscheinend mühelos und unbekümmert über alle Hürden und Hindernisse hinweg und erzielen Erfolge, für die sie keinen Finger krümmen müssen? Besteht ihr Trick darin, mehr oder weniger oder etwas anders zu machen als Nigel?

Und warum hängt über Nigels Schreibtisch ein Schild, auf dem zu lesen ist: »Heute ist das Morgen, vor dem du dich gestern gefürchtet hast.«?

Was verstehen Sie unter »gewinnen«?

→ In folgendem Abschnitt erfahren wir, dass es von Ihrer persönlichen Sichtweise abhängt, wann Sie sich als »Gewinner« betrachten, machen einen kleinen Abstecher in die Theorie und kommen zu der Erkenntnis, dass es schrecklich viele Dinge gibt, von denen wir noch nicht einmal wissen, dass wir sie nicht wissen – was aber absolut kein Grund zur Beunruhigung ist.

Damit Sie Ihren Fortschritt kontrollieren können, brauchen Sie auf alle Fälle zwei Referenzpunkte. Sie müssen wissen, von wo aus Sie starten und an welchem Ziel Sie irgendwann einmal ankommen möchten. Ihre Bereitschaft zu einer halbwegs ehrlichen Selbsteinschätzung vorausgesetzt, wissen Sie selbst am besten, an welchem Ausgangspunkt Sie sich momentan befinden. Welches Ziel Sie erreichen möchten, hängt davon ab, was Sie in diesem Kontext unter »gewinnen« verstehen.

> »Zu gewinnen bedeutet für jeden Menschen etwas anderes. Es geht darum, ein Ziel zu erreichen, das man sich selbst gesteckt hat. Zu gewinnen bedeutet im Wesentlichen, den eigenen Leistungsansprüchen gerecht zu werden.« Jack Welch*

---

* Der US-Amerikaner John Francis »Jack« Welch Jr. (geboren am 19. November 1935) ist Chemieingenieur, erfolgreicher Unternehmer und Autor. Von 1981 bis 2001 war er CEO von General Electric.

gewinnen

1. **einen Kampf, Wettstreit, eine Auseinandersetzung oder Ähnliches zu seinen Gunsten entscheiden.**
2. **durch eigene Anstrengung oder günstige Umstände etwas Wünschenswertes erhalten.**

Duden

Die erste Definition spielt für uns keine Rolle, da es in diesem Buch nicht darum geht, einen Sieg zu erringen, der oder die Erste in einem Wettstreit zu werden oder sich auf Kosten anderer Vorteile zu verschaffen. Entscheidend für uns ist die zweite Definition, in der »gewinnen« bedeutet, mit dem Aufwand, den Sie für sich als akzeptabel erachten, die beruflichen und privaten Erfolge zu erzielen, die Sie sich wünschen.

Was also würden Sie als echten »Gewinn« in Ihrem Leben empfinden?

Achtung: Jetzt kommt der angekündigte Abstecher in die Theorie.

Eine hilfreiche Methode, um sich über Ihre Wünsche und Ziele klar zu werden, ist die von Maslow* entwickelte Bedürfnispyramide.

---

* Abraham Maslows Bedürfnishierarchie beruht auf einem psychologischen Modell, das er in seiner 1943 erschienenen Arbeit »A Theory of Human Motivation« vorstellte, in der er die Motivationen von Menschen beschrieb. Etwas später nahm er auch die dem Menschen angeborene Neugier als Motivationsfaktor in seine Theorie auf. Seine Ansätze stimmen

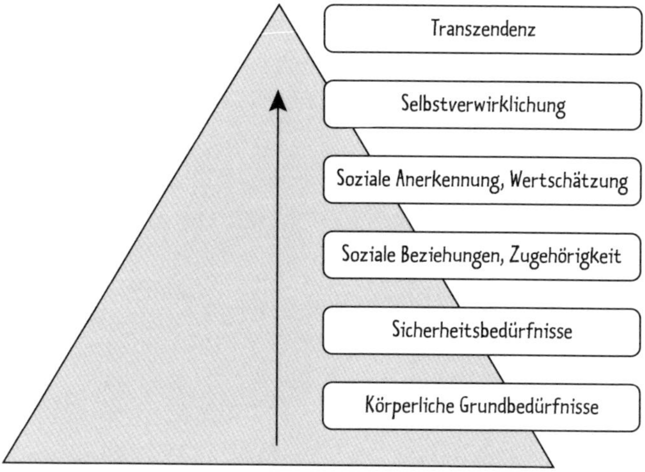

Im Anhang finden Sie ausführlichere Informationen hierzu. Einfach ausgedrückt besagt Maslows Theorie, dass jeder Mensch dazu motiviert ist, seine Bedürfnisse zu befriedigen. Die seit zigtausend Jahren überlebenswichtigen Grundbedürf-

---

in vielen Punkten mit zahlreichen anderen Theorien der Entwicklungspsychologie überein, in denen die verschiedenen Entwicklungsstufen des Menschen beschrieben werden. Da Maslow davon überzeugt war, dass Studien an verkrüppelten, verkümmerten, unreifen, nicht absolut gesunden Studienobjekten nur zu verkrüppelten psychologischen und philosophischen Ergebnissen führen können, bevorzugte er herausragende Persönlichkeiten wie Albert Einstein, Jane Addams, Eleanor Roosevelt und Frederick Douglass als Untersuchungsobjekte für seine psychologischen Studien. Maslow führte seine Studie mit dem einen Prozent der geistig und körperlich gesündesten Population an College-Studenten durch und veröffentlichte seine endgültige Motivationstheorie in dem Buch *Motivation und Persönlichkeit* (die amerikanische Erstausgabe von *Motivation and Personality* wurde 1954 veröffentlicht).

nisse sind uns angeboren, und mithilfe von Maslows Bedürfnishierarche lässt sich verstehen, wie uns das Streben nach der Befriedigung unserer Bedürfnisse motiviert.

Maslows Theorie besagt, dass die Bedürfnisse der unterschiedlichen Hierarchieebenen der Reihe nach befriedigt werden müssen, wobei die lebensnotwendigen körperlichen Grundbedürfnisse der untersten Stufe oberste Priorität genießen: Atmung, Essen und Trinken, Reproduktion, Kleidung und Obdach. Erst wenn unsere körperlichen und emotionalen Grundbedürfnisse befriedigt sind, wenden wir uns den höherstufigen Bedürfnissen nach Einfluss und persönlicher Weiterentwicklung zu. Umgekehrt gilt, dass wir die Befriedigung höherstufiger Bedürfnisse wieder aufgeben, sobald eines der lebenswichtigen Grundbedürfnisse nicht mehr befriedigt wird.

Ich gehe davon aus, dass die Befriedigung der körperlichen Grundbedürfnisse für keinen meiner Leser noch oberste Priorität genießt, und wenn doch, sollte er unbedingt seine Prioritäten überdenken.* Wenn Sie jemanden fragen, was er sich über die Befriedigung der Grundbedürfnisse hinaus von seinem Leben erwartet und erwünscht, erhalten Sie üblicherweise Antworten wie diese:

---

* Sollten Sie tatsächlich noch an der Befriedigung Ihrer körperlichen Grundbedürfnisse arbeiten, wäre der »So kommen Sie zu mehr Geld und mehr Sex«-Ratgeber sicher hilfreicher gewesen als *Erfolgsstrategien für Faulenzer*. Aber wenn Sie es bisher pfleglich behandelt haben, werden Sie dieses Buch über eBay bestimmt zu einem guten Preis wieder los.

- Ich wünsche mir Sicherheit und Seelenfrieden. Nun ja, in irgendeiner Form taucht dieser Aspekt vermutlich in jeder Definition von »gewinnen« und »Erfolg haben« auf.

- Ich wünsche mir Gesundheit. Ja, natürlich, denn ein schlechter Gesundheitszustand macht es schwierig bis unmöglich, irgendeine Form des Erfolgs zu genießen.

- Ich wünsche mir, geliebt zu werden. Das Bedürfnis, geliebt zu werden, kann durch Verwandte und Freunde, durch den Ehepartner oder Lebensgefährten, durch Kinder oder sogar durch Haustiere befriedigt werden.

- Ich wünsche mir finanzielle Sicherheit. Oft ist damit nicht einmal großer Reichtum gemeint, sondern die Befreiung von finanziellen Nöten und Sorgen: einfach nur genug Geld zu haben, um den Lebensunterhalt zu bestreiten, die Familie zu ernähren, Rechnungen zu zahlen und sich die alltäglichen Dinge des Lebens leisten zu können.

- Ich wünsche mir, dass ich in meinem Leben etwas Nachhaltiges bewirken kann. Jeder Mensch hat das dringende Bedürfnis, sich weiterzuentwickeln und sich, andere oder gar die Welt zu verändern. Ich schätze, wir können gar nicht anders.

- Ich wünsche mir Erfüllung. Wenn keiner der vorherigen fünf »Wünsche« mehr offen ist und sich das Gefühl der Erfüllung dennoch nicht einstellen will, mangelt es eindeutig an der Fähigkeit, sich über die eigenen Erfolge zu freuen.

Um Ihren persönlichen Erfolgskurs festzulegen, haben Sie nun die Wahl zwischen zwei Vorgehensweisen. Sie können nach der »Was will ich in fünf bis zehn Jahren geschafft haben?«-Methode vorgehen, sich über die Frage »Was sind meine Lebensziele?« den Kopf zerbrechen und einen langfristigen Plan erstellen, der Sie sicherlich irgendwann ans Ziel bringt. Alternativ können Sie sich aber auch mit Ihrer gegenwärtigen Situation befassen, nach der »Was könnte ich problemlos und mit unmittelbar positivem Effekt sofort verändern?«-Methode vorgehen und sich die Frage »Was tue ich zurzeit, was ich besser bleiben lassen sollte?« beantworten. Der Vorteil der zweiten Methode ist, dass sich unmittelbar abzeichnet, in welchen Bereichen sich Veränderungen mit sofortiger Wirkung bemerkbar und langfristig mit durchschlagendem Erfolg bezahlt machen.

Ich selbst bin natürlich ein glühender Verfechter der »schnellen Erfolgsmethode«. Sie liefert innerhalb kürzester Zeit Ergebnisse und entfaltet dank beständiger Erfolgserlebnisse eine ganz eigene Dynamik, die zu immer erstaunlicheren Leistungen beflügelt.*

---

* In diesem Punkt unterscheidet sich *Erfolgsstrategien für Faulenzer* deutlich von konventionellen Karriereratgebern, die nach radikalen Veränderungen verlangen, um nachhaltige Erfolge zu erzielen. Ich stimme Konfuzius zu, der sagte: »Auch eine Reise von 1000 Meilen beginnt mit dem ersten Schritt.« Und die ersten paar Schritte sollten meiner Ansicht nach winzig sein.

Da Sie sicherlich nicht nur einen Teilbereich Ihres Lebens erfolgreich meistern möchten, sollten Sie bei der Formulierung Ihrer Ziele nicht nur an Ihre Karriere und Ihren Arbeitsalltag denken, sondern auch Ziele festlegen, die sich auf Ihre Ehe oder Beziehung, Ihre Kinder und Ihre Freizeitgestaltung beziehen. Überlegen Sie sich, welchen Lebensbereichen Sie bisher zu viel oder zu wenig Aufmerksamkeit geschenkt haben, und bemühen Sie sich um ausgewogene Verhältnisse. Das äußere Gleichgewicht ist die Voraussetzung dafür, dass Sie zu Ihrem inneren Gleichgewicht (zurück)finden.

Wo stehen Sie?

Nun? Wo stehen Sie? Was ist der Ausgangspunkt, an dem Ihr Veränderungsprozess ansetzt?

Je genauer Sie Ihre »Route« planen, umso größer sind Ihre Erfolgschancen – oder anders ausgedrückt: umso weniger laufen Sie Gefahr, sich unterwegs zu verirren. Den Weg schon zu kennen, hat natürlich auch den großen Vorteil, dass Sie kleine, einfache Schritte und Etappen vorausplanen können und somit auch keine Angst mehr vor Veränderungen haben müssen, von denen Sie bisher glaubten, Sie könnten sich die Mühe gleich sparen, weil Sie sowieso daran scheitern.

Am einfachsten ist es, von einem Ihnen bekannten Ausgangspunkt zu starten:

- Wissen Sie, was Sie wollen?
- Wissen Sie, was Sie nicht wollen?

Vielleicht denken Sie sich jetzt: »Ich will mehr Zeit mit meiner Familie verbringen, aber gleichzeitig möchte ich nicht meine Arbeit vernachlässigen und meine Karriere gefährden.« Das wäre ein absolut verständlicher Wunsch, der außerdem auf ein ausgewogenes Verhältnis zwischen Ihrem Privat- und Arbeitsleben abzielt.

Es kann aber auch sein, dass Sie nicht wissen, was Sie wollen oder – noch schlimmer – was Sie nicht wollen.

Um den für Sie kürzesten und einfachsten Weg zum Erfolg einzuschlagen, empfiehlt es sich, Ihre Route sorgfältig zu planen.

Da Sie sicherlich weder Zeit noch Energie vergeuden möchten, ist ein entscheidender Aspekt bei der Routenplanung, nur die Dinge anzusteuern, die Sie wollen, und alles zu vermeiden, was Sie nicht wollen. Stellen Sie sich einfach vor, Sie planen eine Wanderung. Dabei können Sie entweder schnellen Schrittes von Ausgangspunkt A zu Zielpunkt B marschieren, oder Sie können sich Zeit nehmen, gemütlich vor sich hinspazieren und unterwegs spontan Abstecher zu interessanten Orten machen. Für einen produktiven Faulenzer kommt natürlich nur der zielstrebige Fußmarsch von A nach B infrage. Falls Zielpunkt B nicht das Ende der Reise markiert, sondern nur ein Etappenziel zu Punkt C ist, würde ein wahrhaft produktiver Faulenzer sogar nach einer Abkürzung suchen, die ihn von A direkt nach C führt.

Planen Sie nun Ihre Route.

Erstellen Sie eine Liste, in die Sie eintragen, was Sie wollen oder verändern möchten. Ob Sie eine Datei anlegen oder Papier und Stift zur Hand nehmen, ist egal, wichtig ist nur, dass Sie Ihre Wünsche schriftlich fixieren und ehrlich sind.

Anschließend erstellen Sie eine zweite Liste mit all den Dingen, die Sie nicht wollen.

Denken Sie in Ruhe und ohne Zeitdruck darüber nach.

- Was wollen Sie?
- Was wollen Sie nicht?

Die erste Liste ist üblicherweise einfacher zu erstellen als die zweite, aber lassen Sie sich davon nicht entmutigen. Je genauer Sie Ihre Bedürfnisse definieren, umso besser.

Als Nächstes befassen Sie sich mit den Dingen, von denen Sie nicht wissen, dass Sie sie wollen.

Wie finden Sie heraus, worum es sich dabei handeln könnte? Ganz einfach: Tauschen Sie sich mit anderen Menschen aus, holen Sie sich Anregungen und Tipps und erweitern Sie Ihren Horizont (mit Ihrem persönlichen Netzwerk beschäftigen wir uns später noch ausführlicher).

Nicht ganz so einfach ist es, sich über die Dinge klar zu werden, von denen Sie nicht wissen, dass Sie sie nicht wollen.

Am besten bereiten Sie sich im Moment mental darauf vor, dass diese Dinge im weiteren Verlauf gelegentlich Ihren Weg kreuzen werden. Wenn Sie auf etwas stoßen, das Ihnen Unbehagen bereitet, können Sie der Sache immer noch auf den Grund gehen.

Was Sie wollen und nicht wollen, kann sich im Lauf der Zeit ändern. Haken Sie Ihre Selbsteinschätzung also bitte nicht als einmal erledigt und somit vom Tisch ab, sondern überprüfen Sie des Öfteren, ob sich Ihre Wünsche und Bedürfnisse geändert haben.

Haken Sie Ihre Selbsteinschätzung nicht als einmal und damit für alle Zeit erledigt ab!

Damit Sie auf Kurs bleiben, sollten Sie Ihre Wünsche und Bedürfnisse regelmäßig überprüfen.

Erinnern Sie sich an die erste Fragekombination des Entscheidungsprozesses weiter oben? Genau: Will ich dieses oder jenes tun, und wenn ja, ist es auch notwendig? Und sicher wissen Sie auch noch, dass Sie sich die Frage in genau dieser Kombination beantworten müssen, um eine endgültige Entscheidung treffen zu können. Nur weil Sie etwas gerne tun, heißt das noch lange nicht, dass Sie es notwendigerweise auch tun müssen.

»Effizienz ist das Ergebnis intelligenter Faulheit.«

DAVID DUNHAM

Nigel wagt den ersten Schritt

Während einer seiner rar gesäten Mittagspausen vertritt sich Nigel bei einem Schaufensterbummel die Beine. Erstaunlicherweise ist heute jeder, mit dem er – oder der mit ihm – dringend etwas zu besprechen hätte, anderweitig beschäftigt. Eine wahrhaft glückliche Fügung, die Nigel sofort dazu nutzt, um zur Abwechslung einmal nicht in der Kantine, sondern auswärts eine Kleinigkeit zu essen. Für den Rückweg ins Büro hat er sich für die »landschaftlich reizvollere« Strecke durch die Geschäftsstraße entschieden, und hier bleibt sein Blick an einem Werbeplakat hängen, mit dem im Schaufenster einer Buchhandlung für ein neues Buch geworben wird: *Erfolgsstrategien für Faulenzer: Wie Sie beruflich und privat mit weniger Aufwand mehr erreichen.*

Faszinierend! Das wäre doch was für ihn!

Wenn Nigel etwas im Überfluss hat, sind es Regal-Füller (so bezeichnet er die unzähligen Bücher, die seine Bücherregale füllen, ohne dass er sie jemals zu Ende gelesen oder überhaupt die erste Seite aufgeschlagen hätte). Würde jemand einmal ein Buch schreiben, das sowohl die sieben Wege zu was auch immer als auch die neun Schlüssel zu was man sonst noch braucht beinhaltet, gleichzeitig verrät, wie man seine ganze Arbeit an einem einzigen Tag pro Woche schafft und jung, gesund, schön und schlank bleibt oder wird, ohne auf irgendetwas zu verzichten, würde er sich eine goldene Nase verdienen, denkt sich Nigel. Das erinnert ihn an einen Witz, den er einmal gehört hat:

Kommt ein Mann in einen Buchladen und fragt den Verkäufer: »Können Sie mir bitte sagen, wo ich die Selbsthilfebücher finde?« Sagt der Verkäufer: »Wenn ich Ihnen helfe, bringen Sie sich doch um das erste wichtige Erfolgserlebnis. Also bitte: Helfen Sie sich selbst!«

Trotz aller Skepsis bleibt Nigel wie angewurzelt vor dem Buchladen stehen und starrt auf das Buch. So viel kostet es nun auch wieder nicht, und guten Rat kann er dringend gebrauchen. Den Versuch ist es wert. Im schlimmsten Fall wäre es ein weiterer Regal-Füller. Besser gesagt, genau der richtige Lückenfüller für das eine Bücherregal, bei dem man an einer Stelle doch tatsächlich noch ein Stück von der Wand sieht.

Abends macht es sich Nigel mit seinem neu erstandenen Ratgeber zu Hause gemütlich. Die Euphorie, vielleicht endlich das richtige Buch entdeckt und gekauft zu haben – tatsächlich hat er sich für kurze Zeit schon allein dadurch produktiver gefühlt, dass er ein Werk über produktives Faulenzen erstanden hat –, ist längst verflogen. Aber wenn er nun schon einmal Geld dafür ausgegeben hat, kann er ja wenigstens einmal hineinlesen.

Außerdem hat er sich ausnahmsweise nicht zu einem Spontankauf hinreißen lassen, sondern sich bewusst für dieses Buch entschieden. Noch in der Buchhandlung hat er das erste Kapitel gelesen und ist darin aufgefordert worden, seine Kaufabsichten noch einmal zu überdenken. Er hätte es auch einfach wieder ins Regal zurückstellen und die Buchhandlung verlassen oder einen anderen Ratgeber kaufen können. Zum Beispiel den, der ihm unter anderem ein aktiveres Sexleben verspricht. Den hat ihm der Autor sogar ausdrücklich empfohlen.

Aber er hat der Versuchung widerstanden und ist nun stolzer Besitzer von *Erfolgsstrategien für Faulenzer*. Na ja, stolz nicht unbedingt, aber doch zumindest Besitzer.

Mit einer Tasse Kaffee macht Nigel es sich mit seinem Buch gemütlich und beginnt zu lesen ...

Was bedeutet »produktives Faulenzen« überhaupt?

→ In diesem Abschnitt lernen wir von einem italienischen Ökonomen, dass nicht alles gleichermaßen wichtig ist, manches aber viel, viel wichtiger als anderes ist und es im Prinzip nur auf eine klare Linie, Zielstrebigkeit und gute Planung ankommt.

Beginnen wir mit der 80:20-Regel, die jedem etwas sagen dürfte.

Das Paretoprinzip, auch bekannt als 80:20-Regel, besagt, dass Wirkung und Ursache in einer Vielzahl von Fällen in einem Verhältnis von 80 zu 20 stehen. Als Faustregel ist das Paretoprinzip vielseitig anwendbar, allerdings wird es auch häufig falsch ausgelegt. So trifft die 80:20-Regel zum Beispiel nicht einfach nur deshalb auf eine Problemlösung zu, weil diese in 80 Prozent aller Problemfälle funktioniert, sondern nur dann, wenn zur Lösung des Problems bereits 20 Prozent der dafür bereitgestellten Ressourcen ausreichen.

Formuliert wurde das Prinzip von Joseph M. Juran, einem der Vorreiter des Qualitätsmanagements, der es nach dem italienischen Ökonomen Vilfredo Pareto* benannte, der seiner-

---

* Vilfredo Federico Damaso Pareto (1848–1923) war ein italienischer Ingenieur, Soziologe, Ökonom und Philosoph. Er leistete zahlreiche bedeutende Beiträge auf dem Gebiet der Wirtschaftswissenschaften, wobei insbesondere seine Studien über die Ein-

zeit die Vermögensverteilung in Italien untersuchte und dabei herausfand, dass sich 80 Prozent des Volksvermögens Italiens im Besitz von 20 Prozent der italienischen Bevölkerung befanden. Die dem Paretoprinzip zugrunde liegende These ist, dass sich der Großteil der sichtbaren und messbaren Ergebnisse im Allgemeinen auf sehr wenige Einflussgrößen zurückführen lässt.

Demzufolge bringen Ihnen 20 Prozent Ihrer Kunden 80 Prozent Ihres Umsatzvolumens ein. Diese Aussage, die so ungefähr stimmen dürfte, lässt sich nicht nur leicht nachprüfen, sondern erleichtert auch die unternehmerische Planung und Entscheidungsfindung. Mit dem Paretoprinzip lassen sich aber auch weitaus banalere Sachverhalte beschreiben: Sehr wahrscheinlich tragen Sie überwiegend (nämlich an 80 von 100 Tagen) Kleidungsstücke, die zu den 20 Prozent Ihrer Lieblingsklamotten zählen.* Sie verbringen 80 Prozent Ihrer

---

kommensverteilung und seine Analyse der Handlungsfreiheit des Individuums große Beachtung fanden. Es ist zu einem großen Teil Paretos Verdienst, dass sich die Wirtschaftwissenschaften von der Moralphilosophie nach Adam Smith abgekoppelt und zu einer eigenständigen wissenschaftlichen Disziplin entwickelt haben, in der heute nach mathematischen Grundsätzen datenintensive Forschungsarbeit betrieben wird.

* Aus mir nicht nachvollziehbaren Gründen besteht meine Frau Lisa darauf, einen Großteil unserer kostbaren Wochenenden mit gemeinsamen Shoppingtouren zu verplempern, bei denen wir 80 Prozent der Kleidungsstücke, Schuhe und Handtaschen kaufen, die sie so gut wie nie trägt. Ich habe ihr das Paretoprinzip unzählige Male erklärt, aber es hilft nichts. Shoppen gehen ist nach wie vor ihre große Leidenschaft.

Freizeit mit immer denselben 20 Prozent Ihrer Freunde und Bekannten. Und so weiter.

Clevere Menschen mit ausgeprägtem Hang zum Faulenzen können und sollten sich daher unbedingt an das Paretoprinzip beziehungsweise die 80:20-Regel halten. Auch Ihnen kann das Paretoprinzip eine ungemein wertvolle Hilfe sein, da es Sie immer daran erinnert, sich auf die 20 Prozent zu konzentrieren, auf die es wirklich ankommt.

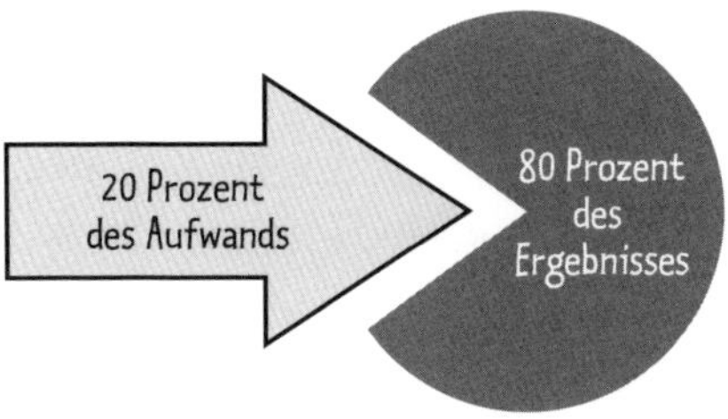

Woody Allen behauptete einmal, sein Erfolg bestünde zu 80 Prozent daraus, dass er sich irgendwo blicken lässt, also dabei ist. Darauf würde ich mich lieber nicht verlassen. Was Sie sich aber immer vor Augen halten sollten, ist, dass nur 20 Prozent der Tätigkeiten, denen Sie tagtäglich nachgehen, wirklich wichtig sind. Aus diesen 20 Prozent resultieren 80 Prozent der Ergebnisse.

Nur 20 Prozent Ihrer Tätigkeiten sind wirklich der Mühe wert!

Finden Sie heraus, woraus diese 20 Prozent bestehen, konzentrieren Sie sich auf diese Tätigkeiten und lassen Sie die restlichen 80 Prozent vorläufig bleiben.

Denken Sie über Ihren gestrigen Tag nach. Bestimmt fallen Ihnen ein, zwei oder sogar drei Beispiele dafür ein, wie Sie mit minimalem Aufwand maximale Ergebnisse erzielt haben.

Ist Ihnen in letzter Zeit, vielleicht sogar erst gestern, irgendetwas besonders gut gelungen – ein gewaltiger Fortschritt bei einer schwierigen Aufgabe im Job oder die perfekte Lösung eines privaten Problems – und Sie hatten das Gefühl, dass sich Ihre Mühe mehr als gelohnt hat?

Es ist ungemein wichtig, dass Sie sich täglich etwas Zeit nehmen, um in Ruhe darüber nachzudenken, was Sie den Tag über zu tun haben und wie Sie es am besten anpacken. Gelegenheit dazu haben Sie im Auto, im Bus oder Zug, bei Ihrer ersten Tasse Kaffee im Büro oder auch schon am Abend vorher. Wann Sie Ihre Aufgaben planen und Ihre Prioritäten setzen, ist völlig egal, Hauptsache, Sie nehmen sich die Zeit dafür und tun es. Finden Sie heraus, was wirklich wichtig ist: Was sind die 20 Prozent, mit denen Sie 80 Prozent der gewünschten Ergebnisse erreichen?

Der Teufel steckt nicht nur im Detail, sondern auch in der Aufgabenliste

Aufgabenlisten erstellen und die erledigten Aufgaben durchstreichen kann jeder. Das ist nicht das Problem. Das Problem ist vielmehr, dass das Abarbeiten von Aufgabenlisten nicht heißen muss, dass man tatsächlich mit irgendetwas vorankommt.

Es ist doch so, dass Sie jeden Morgen schon eine Liste mit zu erledigenden Aufgaben aus der Tasche ziehen, sobald Sie sich an Ihrem Arbeitsplatz niederlassen: Kaffee holen, Bleistift spitzen, Frisörtermin ausmachen, Salat aus dem Supermarkt mitbringen und so weiter. Noch ist Ihre Aufgabenliste relativ übersichtlich, doch mit jedem Kollegen, der etwas von Ihnen will, mit jedem Telefonat, jeder E-Mail und Besprechungseinladung, die in Ihrem Posteingang landen, wird die Liste länger und länger. Gehören Sie zu den Menschen, die ihre Aufgaben von 1 bis 100 durchnummerieren? Sehr ordentlich. Aber wozu soll das gut sein? Daran sehen Sie nur, in welcher Reihenfolge Ihnen die Aufgaben erteilt wurden oder eingefallen sind. Gewöhnen Sie sich lieber an, Ihren Aufgaben Prioritäten zuzuweisen. Stellen Sie einen »Rentabilitätsvergleich« an, fragen Sie sich bei jeder Aufgabe, ob sie Ihren Wünschen und Bedürfnissen* gerecht wird. Wollen Sie sie erledigen? Müssen Sie sie erledigen? Ist sie wichtig?

---

* Ich gebe es nur ungern zu, aber es muss wohl doch sein. Ein (winzig) kleines Dankeschön gebührt an dieser Stelle einem gewissen

»Die revolutionärsten technischen Erfindungen der Menschheit – das Flugzeug, das Automobil, der Computer – sagen wenig über unsere Intelligenz, aber alles über unsere Bequemlichkeit aus.«

MARK KENNEDY

Sie können locker die Hälfte Ihrer Aufgaben erledigen und trotzdem das Gefühl haben, dass Sie keinen Schritt weitergekommen sind. Sie können sogar 80 Prozent Ihrer Aufgaben erledigen und doch nur 20 Prozent dessen erreichen, was Sie sich vorgenommen haben. Das ist ganz leicht, wenn Sie die 20 Prozent der wirklich relevanten Aufgaben hartnäckig ignorieren.

Knöpfen Sie sich jetzt Ihre Liste vor und überlegen Sie sich, wie wichtig welche Aufgabe ist. Erst wenn Sie damit fertig sind, dürfen Sie sich ans Abarbeiten machen.

Überlegen, planen, Prioritäten setzen, sich auf das Ziel konzentrieren!

Nur damit keine Missverständnisse aufkommen: Ich will Sie nicht dazu verleiten, irgendwelche Aufgaben unter den Tisch fallen zu lassen. Natürlich müssen Sie alles erledigen, was auf

---

Nick, dem ich wahrscheinlich ein Exemplar dieses Buchs schenken müsste, damit er es überhaupt liest, weil er keinen Cent dafür ausgeben würde. Er unterzieht nämlich prinzipiell alles dem »Will ich das, muss ich das, brauche ich das?«-Test, an dem dieses Buch kläglich scheitern würde. Ich hatte zwar schon immer die vage Vermutung, dass die Sache mit den Wünschen, Bedürfnissen und Notwendigkeiten wichtig ist, wie treffend sich dadurch ein wichtiger Aspekt des »produktiven Faulenzens« erklären lässt, wurde mir erst aber durch die ständige Verwendung dieser Formulierung klar.

Ihrer Liste steht. Was ich sagen will, ist, dass eine methodische Herangehensweise das Ganze ungemein vereinfacht: überlegen, planen und Prioritäten setzen und sich dann auf das Ziel konzentrieren. Das erfahrungsgemäß Beste ist sogar, sich zuerst dem »dicksten Brocken« auf Ihrer Liste zu widmen. Wenn Sie diese Aufgaben abgehakt haben, fühlen Sie sich so erleichtert und beschwingt, dass Ihnen der Rest wie ein Kinderspiel vorkommt. Vielleicht liegt es daran, dass Sie sich den übrigen Aufgaben mit 80 Prozent mehr Energie und Tatkraft widmen können, wenn Sie sich der dicksten Brocken entledigt haben, die meist sowieso nur zu 20 Prozent zum erwünschten Ergebnis beitragen. Ich bin mir nicht sicher, ob diese Rechnung aufgeht. Die richtige Antwort liegt wahrscheinlich wie immer in der goldenen Mitte.

Falls es Sie interessiert, wie sich der Effizienzsteigerungswahn* mit dem Paretoprinzip auf die Spitze treiben lässt (oder Sie Ihren Vorgesetzten vom Thema ablenken möchten, wenn er Sie mal wieder fragt, was Sie eigentlich so treiben), kann ich Ihnen Folgendes anbieten:

* Sie möchten noch effizienter arbeiten? Kein Problem: Wenn die Parameter in der Pareto-Verteilung passend gewählt werden, sind nicht nur 80 Prozent der Effekte auf 20 Prozent der Ursachen zurückzuführen, sondern es gilt außerdem, dass von diesen ersten 80 Prozent wieder 80 Prozent der Effekte auf 20 Prozent der ersten 20 Prozent der Ursachen zurückzuführen sind und so weiter. (80 Prozent von 80 Prozent ergibt 64 Prozent, und 20 Prozent von 20 Prozent sind 4 Prozent, was auf eine 64 : 4-Regel schließen lässt.)

- Stellen Sie sich fünf beliebige Arbeitskollegen und deren Aufgaben vor.
- Streichen Sie nun bei jedem die 80 Prozent seiner Aufgaben, die nur 20 Prozent der von ihm erwarteten Ergebnisse liefern.
- Nun fassen Sie die 20 Prozent der Aufgaben zusammen, die bei jedem übrig bleiben und 80 Prozent der von ihm erwarteten Ergebnisse liefern, und schon haben Sie einen Job, den ein einziger Mitarbeiter mit fünfmal besseren Ergebnissen als seine Kollegen erledigen kann.

Ein interessanter Gedanke, oder? Belassen Sie es aber bitte bei der Theorie, die Umsetzung in die Praxis ist weder am Arbeitsplatz noch zu Hause ratsam!

Effizienter zu werden, ist der erste wichtige Schritt auf dem Weg zum Erfolg. Er besteht darin, keine Zeit und Energie in unwichtige, überflüssige Aufgaben zu investieren und die Aufgaben, auf die es wirklich ankommt, produktiver zu erledigen.

Wenn Sie produktiv faulenzen möchten, gilt: Weniger ist mehr.

Weniger = Mehr

Auch die alte Redensart »Eile mit Weile« trifft den Nagel auf den Kopf. Bestimmt haben Sie auch schon die Erfahrung gemacht, dass die Erledigung einer Aufgabe oft viel länger dauert, je mehr Sie sich beeilen, weil Ihnen Leichtsinnsfehler unterlaufen und Nacharbeiten anfallen oder Sie schneller ermüden, und dass eine bedächtige aber stetige Vorgehensweise – wie bei der Fabel von der Schildkröte und dem Hasen* – Sie oft schneller ans Ziel bringt.

Ich nehme an, Sie hätten jetzt gerne eine kleine Pause, um die vielen Informationen zu verarbeiten, Ihre Gedanken zu sortieren und sich zu überlegen, wie Sie nun am besten weitermachen. Gut, tun Sie das. Und wenn Sie schon dabei sind, rufen Sie sich in Erinnerung, was Sie über Vereinfachung, Skalierbarkeit und Wiederverwendbarkeit wissen.

Wenn Sie schon Aufwand betreiben müssen, dann doch lieber gleich statt später, oder?

---

* Äsops Fabel von der Schildkröte und dem Hasen, die sich ein Wettrennen liefern, ist eigentlich als Warnung vor Überheblichkeit und Selbstüberschätzung gedacht, eignet sich aber genauso, um den Vorteil einer langsamen, aber stetigen Vorgehensweise herauszustellen. In der Ruhe liegt die Kraft, wie auch die Schildkröte wusste, die das Ziel vor dem Hasen erreichte.

Nigel macht sich Gedanken über das Faulenzen

Nigel hat sich einige Dinge aufgeschrieben, die er ändern möchte. Da er es sich so leicht wie möglich machen und seine Liste vielleicht um weitere Punkte ergänzen möchte, an die er im Moment noch gar nicht gedacht hat, fällt sie sehr kurz aus:

Er möchte etwas mehr Zeit für die Vorbereitung und Planung seiner Aufgaben haben, anstatt sich permanent abhetzen zu müssen.

Er möchte ein bisschen früher Feierabend machen können als bisher.

Bei Nigel auf der Arbeit hängt in der Kaffeeküche ein Poster, auf dem steht: »Sie hätten gern einen Tag frei? Lassen Sie mich überlegen ...

- Das Jahr hat 365 Tage à 24 Stunden, an denen Sie arbeiten könnten.
- Das sind pro Jahr 52 Wochen, in denen Sie jeweils schon zwei Tage frei haben. Bleiben 261 Arbeitstage pro Jahr übrig.
- Ihre 16 Stunden Freizeit täglich summieren sich auf 170 freie Tage. Bleiben also nur noch 91 Arbeitstage pro Jahr übrig.
- Ihre 30 Minuten Kaffeepause pro Tag summieren sich übers Jahr zu 23 Tagen, und 91 minus 23 ergibt nur noch 68 Arbeitstage.

- Eine Stunde Mittagspause pro Tag ergibt in Summe noch einmal 46 freie Tage, was die Arbeitstage auf 22 reduziert.
- Davon gehen die zwei Tage pro Jahr ab, an denen Sie sich üblicherweise krank melden. Bleiben noch 20 Arbeitstage.
- Abzüglich der gesetzlichen Feiertage sinkt die Zahl Ihrer Arbeitstage auf ungefähr 15.
- Minus der 14 Tage Urlaub, den Ihnen die Firma freundlicherweise zugesteht, bleibt gerade einmal ein Arbeitstag übrig, und Ihr Arbeitgeber würde es sehr begrüßen, wenn Sie wenigstens an diesem einen Tag vollen Arbeitseinsatz bringen.
- Meine Antwort lautet also: Nein, das mit dem freien Tag können Sie vergessen!«

Für Nigels Geschmack hat dieser »eine Arbeitstag« schon vor Ewigkeiten begonnen und will kein Ende nehmen. Nigel fällt ein Witz über einen Faulpelz ein, auch wenn er selbst beileibe keiner ist:

Kommt ein Mann zum Arzt und sagt: »Ach, Herr Doktor, ich schaffe es einfach nicht mehr, meiner Frau im Haushalt zur Hand zu gehen, ich fühle mich so lustlos und matt.« Der Arzt untersucht den Mann lange und gründlich, doch er scheint völlig gesund zu sein.

Nach der Untersuchung sagt der Mann: »Nun, Doktor, raus mit der Sprache! Was fehlt mir? Sie können ganz offen und ehrlich mit mir sein.« Darauf der Arzt: »Nun gut, wenn Sie meine ehrliche Meinung hören möchten, ich halte Sie schlichtweg für faul.«

»So ein Glück«, sagt der Mann, »aber verraten Sie mir noch schnell den medizinischen Fachbegriff, damit ich weiß, was ich meiner Frau sagen kann.«

Nigel wünscht sich etwas mehr Zeit für sich, will aber keinesfalls seine Familie oder häusliche Pflichten vernachlässigen, um sich diesen Wunsch zu erfüllen. Er ist kein Faulpelz, und das wissen seine Frau und der Rest der Familie ganz genau.

Die Vorstellung, auf produktive Weise zu faulenzen, gefällt Nigel. Was er in dem Buch darüber gelesen hat, klingt logisch und sinnvoll. Produktives Faulenzen scheint sogar jede Menge Befürworter zu haben. Die 80:20-Regel kennt er schon. Erst kürzlich hat er in einem Bericht über den Kundenstamm seiner Firma geschrieben, dass 80 Prozent der Erträge über nur 20 Prozent der Kunden erwirtschaftet werden. Er ist nur noch nie auf die Idee gekommen, sich diese Regel für seine eigenen Vorhaben zunutze zu machen.

Auch die methodische Vorgehensweise – überlegen, planen, Prioritäten setzen, auf das Ziel konzentrieren – klingt absolut sinnvoll. Nigel weiß selbst, dass er die wahrscheinlich längste Aufgabenliste der Welt hat. Um ehrlich zu sein, ist es schon längst keine Liste mehr, sondern ein ganzer Stapel aus Listen, die nach Bereichen sortiert sind: Haus und Garten, Arbeit, Privates und Freizeit (Letztere wanderte in dem Stapel immer weiter nach unten) und Sonstiges.

Nigel hat den Eindruck, auf der Stelle zu treten, und er ist wahrlich kein fauler Mensch – aber auch kein besonders kluger.

Das muss und wird sich ändern.

Erfolg

Ein starkes Wort: »Nein«

→ In diesem Abschnitt lernen Sie, auf wie viele unterschiedliche Arten Sie »Nein« sagen können, erfahren, wie wichtig es ist, dieses kleine Wort vielleicht etwas häufiger als bisher auszusprechen, um sich Wünsche schneller erfüllen und Bedürfnisse besser befriedigen zu können.

Sich zu wünschen, ein produktiver Faulenzer zu werden, ist gut und schön, aber wenn Sie Ihr Vorhaben in die Tat umsetzen und ernsthaft etwas an Ihrer Arbeitsweise verändern möchten, müssen Sie auch geeignete Maßnahmen ergreifen. Unbedingt erforderlich (und mit höchst erfreulichen Vorteilen verbunden) ist, dass Sie häufiger als bisher Nein sagen.

Man könnte sich das Leben doch wirklich viel leichter machen, wenn man öfter mal Nein sagt, oder? Aber aus irgendeinem seltsamen Grund ist es für die meisten Menschen schrecklich schwierig, den Laut über die Lippen zu bringen, mit dem sie ihre negative Entscheidung kundtun könnten.

Meine Kinder* dagegen haben damit überhaupt kein Problem. Kinder sagen ständig zu allem und jedem Nein, um ihre Grenzen in der großen weiten Welt der Erwachsenen auszutesten. Aber mit zunehmendem Alter neigt der Mensch dazu,

* Als ich sie fragte, ob ich sie namentlich in diesem Buch erwähnen darf, kam von allen ein »Nein, auf keinen Fall!« Typisch! Stimmt's, Jenny, Adam, Sam und Scott?

Gewissensbisse zu verspüren, wenn er einem anderen eine Absage erteilt oder die Hilfe verweigert. Um ihre Mitmenschen nicht zu verärgern, um nicht als gemein oder egoistisch zu gelten oder auch einfach nur um des lieben Friedens willen lassen sich Erwachsene deshalb regelmäßig zu Dingen überreden, die sie in Wahrheit nicht wollen.

Zu den Gewissensbissen und Schuldgefühlen kommt noch etwas anderes hinzu, das meiner Ansicht nach ebenfalls wichtig ist. Mit einer Zusage kann man sich in der Regel jede weitere Diskussion ersparen. Vielleicht erklärt Ihnen Ihr Vorgesetzter, Kollege oder Partner noch in aller Ausführlichkeit, wie Sie die Arbeit, zu der Sie sich soeben überreden ließen, zu erledigen haben, aber das ist für Sie weniger anstrengend, als sich dagegen zu wehren. Eine klare Absage dagegen bringt Sie fast immer in die unangenehme Situation, sich rechtfertigen zu müssen und lang und breit zu erklären, weshalb Sie dieses oder jenes nicht können, nicht wollen, aus gutem Grund ablehnen und so weiter. Das ist anstrengend. Mit einem »Ja, geht in Ordnung« sparen Sie sich in diesem Moment enorm viel Stress (werden allerdings später garantiert doppelt und dreifach so viel Stress haben). Mit einem »Nein, das geht nicht« handeln Sie sich sofort Stress ein (haben dafür aber später so gut wie keinen mehr damit).

Nein zu sagen, kann sich dennoch für alle Beteiligten – definitiv für Sie – als feine Sache erweisen.

Kennen Sie den Hit »50 Ways to Leave Your Lover«?* Ob Sie 50 Tipps, ihn (oder sie) zu verlassen, brauchen, weiß ich nicht, aber 50 Tipps, wie Sie die Finger von etwas lassen, das Sie später vielleicht bitter bereuen würden, können Sie sicher gebrauchen. Damit es Ihnen in Zukunft leichter fällt, Dinge, die Sie nicht wollen, abzulehnen, habe ich Ihnen einige sehr nützliche Vokabeln zusammengestellt.

1. *Nie* – Afrikaans
2. *Jo* – Albanisch
3. *La* – Arabisch
4. *Nie* – Belarussisch
5. *Na* – Bengalisch
6. *Ne* – Bulgarisch
7. *Bù* – Chinesisch
8. *Ikke* – Dänisch

---

* »50 Ways to Leave Your Lover« ist ein Song auf dem 1975 erschienenen Album *Still Crazy After All These Years* von Paul Simon. In den USA war er erstmals Ende Dezember 1975 zu hören und stürmte sogleich die Charts. Im Februar 1976 hielt sich der Song drei Wochen lang auf dem ersten Platz der Hitliste des US-amerikanischen Billboard Magazins. Simons Album wurde mit dem Grammy-Award für das beste Album des Jahres ausgezeichnet. Die Singleauskopplung von »50 Ways to Leave Your Lover« blieb über knapp fünf Monate ein absoluter Bestseller und war zwei Wochen lang die Nummer 1 der Rock- und Popsong-Charts, die das Billboard Magazin einmal pro Woche unter der Rubrik »Adult Contemporary« veröffentlicht. Mit diesem Song feierte Simon seinen größten Soloerfolg. In den UK-Singlecharts platzierte er sich im Januar 1976 auf Platz 23. Die deutsche Version, »50 Tipps, ihn zu verlassen«, sang Ulla Meinecke ebenfalls sehr erfolgreich.

9. *Nein* – Deutsch
10. *No* – Englisch
11. *Ei* – Estnisch
12. *Ei* – Finnisch
13. *Non* – Französisch
14. *Ara* – Georgisch
15. *Ókhi* – Griechisch
16. *Lo* – Hebräisch (Israel)
17. *Nahi* – Hindi
18. *Tidak* – Indonesisch
19. *Nei* – Isländisch
20. *No* – Italienisch
21. *Wa* – Japanisch
22. *No* – Katalanisch
23. *Aniyo* – Koreanisch
24. *Non* – Kreolisch (Haiti)
25. *No* – Kroatisch
26. *Ne* – Lettisch
27. *Néra* – Litauisch
28. *Tidak* – Malaiisch
29. *Ma* – Maltesisch
30. *Ne* – Mazedonisch
31. *Geen* – Niederländisch
32. *Ikke* – Norwegisch
33. *Na* – Persisch (Farsi)
34. *Nie* – Polnisch
35. *Não* – Portugiesisch
36. *Nu* – Rumänisch
37. *Niet* – Russisch
38. *Ingen* – Schwedisch

39. *Nema* – Serbisch
40. *Ne* – Slowakisch
41. *Brez* – Slowenisch
42. *No* – Spanisch
43. *Hakuna* – Suaheli
44. *Mïmi* – Thai
45. *Ne* – Tschechisch
46. *Yok* – Türkisch
47. *Nei* – Ukrainisch
48. *Nem* – Ungarisch
49. *Không* – Vietnamesisch
50. *Nid oes* – Walisisch

Das ist schon interessant, oder? Das längste Wort für »nein« in den aufgeführten Sprachen besteht aus sechs Buchstaben, das kürzeste aus zwei, was im Durchschnitt drei Buchstaben ergibt. Warum also fällt es vielen Menschen so schwer, ein so einfaches und kurzes Wort auszusprechen? Da gibt es ganz andere Wörter, die echte Zungenbrecher sind. Zum Beispiel das hier: Pneumonoultramicroscopicsilicovolcanoconiosis.*

---

* Dieser unaussprechliche medizinische Fachbegriff bezeichnet eine Erkrankung der Lunge, die durch Quarzstaub verursacht wird, kurz die Quarzstaublunge. Mit 45 Buchstaben ist »Pneumonoultramicroscopicsilicovolcanoconiosis« das längste jemals in einem englischen Wörterbuch erschienene Wort. Sie wissen nicht, was daran schwierig sein soll? Gut, dann hab ich noch einen Zungenbrecher für Sie: Llanfairpwllgwyngyllgogerychwyrndrobwllllantysiliogogogoch. Das ist der Name einer Ortschaft und Gemeinde auf der walisischen Insel Anglesey, die durch die Menai Strait, eine Meeresenge, vom walisischen Festland getrennt ist. Der Ort liegt auf der anderen Seite der Meeresenge auf Höhe

»Lernen Sie, Gutes
abzulehnen,
damit Sie das Beste
annehmen können.«

JOHN C. MAXWELL

Wenn etwas von Ihnen verlangt oder erwartet wird, das Sie nicht leisten können oder nicht erledigen möchten, sollten Sie es ganz einfach ablehnen. Gewöhnen Sie sich an, öfter einmal Nein zu sagen. Schlicht und einfach »Nein«. Drücken Sie sich nicht davor, entschuldigen Sie sich nicht und erfinden Sie auch keine Ausreden. Fakt ist, dass Sie sich mit erfundenen Ausreden üblicherweise nur in noch unangenehmere Situationen manövrieren. Drücken Sie sich klar und unmissverständlich aus und stehen Sie zu Ihrer Entscheidung.

Die Unfähigkeit, Nein zu sagen, bremst die eigene Produktivität oft am stärksten aus. Wann immer Sie sich zu etwas überreden lassen, das Sie nicht wollen, bedeutet das schließlich, dass Sie die Bedürfnisse und Interessen anderer Menschen über Ihre eigenen stellen.

Dass das nicht unbedingt clever ist, dürfte klar sein, aber wir tun es trotzdem. Fragt sich nur, weshalb? Nun, Gründe gibt es genug:

- Wir wollen nett und hilfsbereit sein und halten Verhaltensweisen oft für schlecht und falsch, die eigentlich gut und richtig wären. Jemandem etwas zu verweigern, gilt als

---

der Kleinstadt Bangor, ganz in der Nähe der Britanniabrücke. Der Ort hat seine Bekanntheit ausschließlich seinem Namen zu verdanken – immerhin der längste Ortsname Europas und einer der längsten weltweit. Und jetzt habe ich Sie, oder? Ihnen bleibt nichts anderes als zuzugeben, dass ein »Nein« viel einfacher auszusprechen ist.

selbstsüchtig, es ihm zu geben aber als selbstlos, altruistisch und großzügig.

- Wir wollen geliebt und akzeptiert werden. Wir tun so gut wie alles, um nur ja keine Ablehnung oder Zurückweisung zu erfahren, selbst wenn wir uns damit selbst schaden.

- Wir möchten uns keine Chancen verbauen. Wenn wir jetzt jemandem eine Absage erteilen, wird er doch nie wieder auf uns zukommen, oder? Und wer weiß, welche tollen Chancen wir von ihm noch bekommen hätten!

- Wir mögen und respektieren unsere Mitmenschen. Manchmal empfinden wir es schlichtweg als unfair, Menschen, die wir respektieren, eine Abfuhr zu erteilen.

- Wenn wir anderen die Hilfe verweigern, plagen uns Schuldgefühle. Selbst wenn es die einzig richtige Entscheidung war, haben wir noch lange danach ein schlechtes Gewissen. Es liegt in unserer Natur, an den Sorgen und Nöten anderer Anteil zu nehmen.

Der vielleicht wichtigste Grund ist:

- Wir scheuen die Konfrontation. Wenn ein gutes, angenehmes (Arbeits-)Klima herrscht, will man es doch nicht durch unnötige Konflikte trüben, nicht wahr?

Wie Sie sehen, gibt es viele Gründe, weshalb das Nein so schwerfällt, aber nicht einer ist ein guter Grund. Nehmen Sie sich fest vor, häufiger Nein zu sagen. Es tut gar nicht weh – ehrlich! –, und mit einer wohlüberlegten, freundlichen Absage tun Sie auch keinem anderen Menschen weh.

Setzen Sie Prioritäten, und überlegen Sie gut, wie Sie Ihre kostbare Zeit am besten nutzen. Lassen Sie sich nicht dazu überreden, sie aus reiner Gefälligkeit zu vergeuden.

Und denken Sie daran, dass es absolut nichts mit Egoismus zu tun hat, wenn Sie gelegentlich auch einmal zuerst an sich selbst denken.

Wann immer jemand Sie bittet, eine bestimmte Arbeit, Aufgabe oder einen Job zu übernehmen, sollten Sie sich prinzipiell fragen:

- **Will ich das, muss ich das, ist es notwendig?**
- **Ist das voraussichtliche Ergebnis die Mühe wert?**

Neben fehlender Lust, Zeit oder Notwendigkeit spricht bisweilen ein anderer guter Grund dafür, dass Sie eine Aufgabe ablehnen. Zum Beispiel, wenn es noch einen viel besser qualifizierten Menschen als Sie gibt, der sie innerhalb kürzester Zeit mit optimalem Ergebnis erledigen kann.

Der Idealfall, von dem langfristig betrachtet alle Beteiligten profitieren, ist schließlich, dass jeder das macht, was er am besten kann. Aber das darf natürlich nicht dazu missbraucht werden, sich vor Aufgaben zu drücken. Um bestimmte Dinge müssen Sie sich kümmern, wenn Sie etwas erreichen möchten.

Wie heißt es doch gleich? Von nichts kommt nichts, und auch an dem Spruch, dass man nur erntet, was man sät, ist durchaus etwas dran. Daher sollten Sie nicht alles, was Sie nicht tun wollen, nicht tun müssen oder einem besser geeigneten Kollegen überlassen könnten, rundweg ablehnen. Es kann nicht schaden, hin und wieder in der Rolle des hilfsbereiten, kooperativen Teamspielers oder Helfers in der Not zu glänzen. Ein Projekt zu übernehmen, für das es zwar besser qualifizierte Projektleiter gibt als Sie, das Ihnen aber die Möglichkeit bietet, sich neue Fertigkeiten und Kenntnisse anzueignen, ist manchmal sogar die beste Entscheidung, um etwas für sich und die eigene Karriere zu tun.

Fragen Sie sich auch immer:
Muss ich das wirklich selbst erledigen, oder kann es ein anderer besser als ich?

Es ist alles eine Frage der Ausgewogenheit und der richtigen Prioritäten. Unterm Strich sollte dabei herauskommen, dass Sie sich um die wirklich wichtigen Angelegenheiten kümmern können und gleichzeitig genügend Zeit für viele andere Dinge übrig haben.

Wenn Sie weiterhin zu allem Ja und Amen sagen, werden Sie sich auch in Zukunft überarbeitet und überfordert fühlen, weil Ihnen unwichtige Aufgaben den Großteil Ihrer kostbaren Zeit rauben.

Ein folgenreiches Wort: »Ja«

➔ **In diesem Abschnitt erfahren Sie, wie wichtig es ist, auf die richtige Art und Weise »Ja« zu sagen, und wie Sie dabei Ihre Kapazitäten und Ihre Verfügbarkeit berücksichtigen, um Ihre Erfolgsaussichten zu verbessern.**

Befassen wir uns mit dem kleinen Wörtchen »ja«.

Nachdem Sie schon 50 verschiedene Möglichkeiten kennengelernt haben, um Nein zu sagen, beschränken wir uns für das Ja-Sagen lieber nur auf fünf (denn dieses Wörtchen sollen Sie ja möglichst sparsam verwenden). Eine Zusage lässt sich zum Beispiel auf die folgenden Arten äußern, die Rückschlüsse auf das Maß Ihrer Einsatzbereitschaft zulassen:

1. Na gut, wenn's sein muss.
2. In Ordnung, geht klar.
3. Gut, das mache ich sehr gern.
4. Hey, das ist toll.
5. Großartig, kann ich gleich loslegen?

Ein »Na gut, wenn's sein muss« ist nicht gerade die beste Art, um etwas Neues anzupacken, Verbündete zu gewinnen und andere mit Ihrer Begeisterung anzustecken. Darin klingt ein gewisser Widerwille an, der fehl am Platz ist. Wenn Sie schon eine Aufgabe übernehmen, die notwendig ist, Ihren Bedürfnissen, Interessen und Qualifikationen entspricht – die entsprechenden Fragen haben Sie ja mit Ja beantwortet, wenn

Sie Ihre Hausaufgaben gemacht haben –, können Sie sich auch gut gelaunt und mit Elan an die Arbeit machen. Selbst Aufgaben, die Sie eben erledigen müssen, können sich durchaus als interessant und erfreulich erweisen, wenn Sie erst einmal damit angefangen haben. Wenn Sie etwas tun, dann sollten Sie es so gut und so gut gelaunt wie möglich tun, denn was Sie heute säen, könnte Ihnen irgendwann später einmal reiche Ernte einbringen.

Ein »In Ordnung, geht klar« ist, nun ja, in Ordnung. Es drückt aus, dass Sie dabei sind und zweifellos Ihr Bestes geben. In einem »Gut, das mache ich sehr gern« schwingt schon deutlich mehr Begeisterung mit, und mit einem »Hey, das ist toll« drücken Sie aus, dass Sie alle Hebel in Bewegung setzen werden, um das bestmögliche Ergebnis zu erzielen.

Ein »Großartig, kann ich gleich loslegen?« ist die beste aller Ja-Versionen. Darin schwingt mit, dass Sie nicht nur hundertprozentigen Einsatz bringen und hervorragende Arbeit leisten werden, sondern auch die volle Verantwortung und Leitung übernehmen möchten, weil Ihnen klar ist, dass es sich um eine wichtige, notwendige Aufgabe handelt, für die Sie am besten qualifiziert sind.

> **»Available to Promise« – Zusagen unter Berücksichtigung der Umstände einhalten.**

Genauso wie es zwischen Schwarz und Weiß viele unterschiedliche Graustufen gibt, gibt es zwischen einer Absage und einer Zusage ebenfalls diverse – überaus praktische und absolut akzeptable – Abstufungen.

Diese Abstufungen sind dem »Available-to-Promise«-Konzept (ATP)* entlehnt, das wahrscheinlich jedem, der in der Produktion oder im Vertrieb tätig ist, geläufig ist. Einfach ausgedrückt bedeutet es, dass Sie etwas zusagen, das Sie eventuell heute, vielleicht aber auch erst morgen, nächste Woche oder nächsten Monat einhalten, je nachdem, wie es Ihnen die jeweiligen Umstände und Ihre Kapazitäten gestatten. Wenn eine Arbeit erledigt werden muss, zu der Sie sich (mehr oder weniger enthusiastisch) bereit erklärt haben, geht sie Ihnen vielleicht zu einem späteren Zeitpunkt schneller und leichter von der Hand. Womöglich erledigt sie sich fast von selbst, wenn Sie sie noch etwas länger aufschieben?

---

* »Available-to-Promise« (ATP) ist ein Begriff aus der Betriebswirtschaft und bedeutet in etwa »zusicherbarer Bestand«. Mit der ATP-Funktion eines Bestandsverwaltungssystems wird beispielsweise bei einer Kundenbestellung überprüft, ob und in welcher Menge die angeforderten Produkte verfügbar sind und welche Liefertermine dem Kunden zugesichert werden können. Mit ATP werden der verfügbare, noch nicht disponierte Lagerbestand, stornierte oder reduzierte Bestellmengen sowie die zu erwartenden Bestellungen innerhalb eines bestimmten Zeitraums berücksichtigt, und daraus wird errechnet, welche Bestellanforderungen innerhalb welcher Zeit erfüllt werden können.

> **»Ein Nein aus tiefster Überzeugung ist besser und größer als ein Ja, das nur gesagt wird, um zu gefallen oder um Schwierigkeiten zu vermeiden.«**
>
> Mahatma Gandhi

Nicht jede Aufgabe, die Sie übernehmen, ist brandeilig. Überlegen Sie daher immer, wie dringlich sie tatsächlich ist. Je weniger Sie sich unter Druck setzen (lassen), umso bessere Arbeit können Sie leisten, womit allen Beteiligten oft besser gedient ist als mit einem sofort erledigten, mittelmäßigen Job. Erklären Sie Ihrem Auftraggeber, dass Sie ihm zwar auch gleich etwas vorlegen können, aber gut Ding eben Weile braucht und er sich ein wenig gedulden muss, bis alles zu seiner – und Ihrer – Zufriedenheit erledigt ist.

Lehnen Sie Aufgaben ab, wenn nötig und möglich, und stehen Sie dann zu Ihrem »Nein«. Nehmen Sie Aufgaben an, wenn Sie es für angebracht halten, und lassen Sie den anderen wissen, womit genau er in welchem Zeitraum rechnen kann. Lassen Sie keine Missverständnisse aufkommen und halten Sie Ihre Zusagen ein.

Vorsicht vor der doppelten Bejahung

In einem Linguistikseminar erklärt die Professorin ihren Studenten: »Im Englischen wird aus einer doppelten Verneinung eine Bejahung.* In anderen Sprachen, zum Beispiel im Russischen, bleibt eine doppelte Verneinung eine Verneinung. Es gibt jedoch keine einzige Sprache, in der aus einer doppelten Bejahung eine Verneinung wird.«

Da ertönt von den hinteren Plätzen ein »Ja, richtig«.

* Eine doppelte Verneinung ist gegeben, wenn in ein und demselben Satz zwei Negationen verwendet werden. In den meisten Operationslogiken und in einigen Sprachen (so auch im Deutschen) heben sich doppelte Negationen gegenseitig auf und verleihen der Aussage eine affirmative Bedeutung. Es gibt aber auch Sprachen, in denen die doppelte Negation die Verneinung betont (so in vielen deutschen Dialekten wie etwa dem Bayerischen). Eine Bejahung durch doppelte Verneinung abzuschwächen, ist ein Stilmittel, das in der Linguistik als Litotes bezeichnet wird. In einigen Sprachen sind Dreifach- oder Vierfachnegationen – oder noch mehr – möglich, was als Mehrfachnegation oder Negationskonkordanz bezeichnet wird.

Nigel übt das richtige Ja-Sagen

Ratlos und verwirrt steht Nigel am Fenster seines Büros und starrt hinaus, um seine Gedanken zu sortieren. Was ist geschehen? Gerade hat er einen Anruf erhalten, auf den er sich innerlich vorbereitet hatte. Er hat genau gewusst, worum man ihn bitten würde, hat es sich reiflich überlegt und ist zu der eindeutigen, endgültigen, zweifellos absolut richtigen Entscheidung gelangt, freundlich aber bestimmt »Nein« zu sagen.

»Und? Was hast du gesagt?«

»Ich habe Ja gesagt«, seufzt Nigel.

Warum ist ihm das Nein, das er doch am liebsten laut herausgebrüllt hätte, doch wieder als bereitwilliges Ja über die Lippen gekommen?

»Warum hast du das getan?«.

»Weil … «, hebt Nigel zu einer Erklärung an, die ihm jedoch nicht einfallen will.

Weil es keinen Grund gab außer dem, dass er eben immer nett und hilfsbereit ist, wenn ihn jemand um einen Gefallen bittet. Nicht Nein sagen zu können, ist schon immer Nigels Problem gewesen, und daraus ergeben sich jetzt zwei weitere Probleme. Erstens hat er mehr als genug Arbeit auf dem Tisch liegen und nur sehr wenig – genau genommen überhaupt keine – Zeit für zusätzliche Aufgaben. Und zweitens hat er gerade eine Regel des »produktiven Faulenzens« gebrochen, obwohl er sich doch strikt daran halten will. Nicht gut!

Dabei hat sich Nigel erst am Abend vorher viel Zeit genommen, um über seine Wünsche und Bedürfnisse nachzudenken. Er hat seine Route geplant und sich aufgeschrieben, was er will und welche Veränderungen dafür notwendig sind. Er hat sich sogar einige Dinge notiert, die es unbedingt zu vermeiden gilt. Schon allein dafür hat er ziemlich viel Zeit und Kaffee gebraucht, weshalb er die Liste der noch nicht bekannten Punkte auf irgendwann später verschoben hat.

Um überhaupt etwas verändern zu können, muss er sich abgewöhnen, zu allem und jedem Ja zu sagen. Das ist Nigel vollkommen klar, doch was ist geschehen, als heute der Anruf kam? In seinen Gedanken formte sich ein eindeutiges »Nein«, das aber ausgesprochen in seinen und den Ohren des Anrufers dummerweise ganz nach einem bereitwilligen »Ja« klang.

Wieder einmal hat er einfach nur Ja gesagt.

Das erinnert ihn an einen Witz:

Fragt die Frau ihren Mann: »Sieht mein Hinterteil* in diesem Kleid nicht zu fett aus?« Antwortet er: »Auf alle Fälle weniger fett als in dem Kleid, das du gestern anhattest.«

---

* Im Interesse der globalen Vermarktung sei hier angemerkt, dass es dem Österreicher freisteht, an dieser Stelle »Popsch« einzusetzen, während der Schweizer sich natürlich »s'Füdli« vorstellen kann.

Das ist natürlich die denkbar dümmste Antwort. Jeder halbwegs intelligente Mann weiß, was man darauf sagen muss: »Aber nein, Schatz, du siehst fantastisch aus, und ich liebe deinen knackigen kleinen Po!«

Mit dem richtigen Ansporn fiele es ihm sicher leichter, im richtigen Moment Nein zu sagen, denkt sich Nigel.

Er zieht sein schlaues Buch zurate. Er verwirft die 50 Möglichkeiten, Nein zu sagen, überblättert die fünf Arten des Ja-Sagens, denn das hat er ja bereits getan, bleibt aber bei dem Stichwort »Available to Promise« hängen, um noch einmal nachzulesen, wie er seine Zusage unter Berücksichtigung der Umstände einhalten kann. Dann fasst er einen kühnen Plan.

»Ich habe einen kühnen Plan«, verkündet Nigel und greift zum Telefon.

Nach dem Telefonat erklärt er erfreut: »So ist es doch schon viel besser!«

»Inwiefern?«

»Ich habe meine Hilfe zugesichert, aber erklärt, dass ich mich erst in zwei Wochen oder so darum kümmern kann, weil ich momentan zu viel um die Ohren habe.«

»Das freut mich für dich.«

»Ja, mich freut es auch«, erwidert Nigel lachend. »ATP! Mein Plan funktioniert.«

Nigel glaubt, dass es ihm sicher helfen würde, die Sache mit dem Ja und Nein in den Griff zu bekommen, wenn er sich ein neues Schild mit der Aufschrift »Denke erst nach, was du sagen willst, und sage dann, was du dir denkst« für seinen Arbeitsplatz besorgt.

»Der Wandel hat immer
Geschenke im Gepäck.«

PRICE PRITCHETT

Erfolgreicher durch »Faulenzen«? Wie soll das gehen?

→ In diesem Abschnitt ergründen wir, weshalb Sie – mit der richtigen Einstellung – tatsächlich mehr erreichen können, wenn Sie etwas weniger tun, und erfahren, was denn nun die wirklich wichtigen Dinge sind, um die Sie sich kümmern müssen.

Beginnen wir die Lektion mit der Wiederholung der wichtigsten Fragen:

- Möchte ich diese Aufgabe übernehmen? Wenn ja, ist es notwendig, dass ich das tue?
- Lohnt das voraussichtliche Ergebnis die Mühe?
- Muss ich das unbedingt selbst erledigen?
- Wie komme ich am schnellsten und einfachsten zum Ziel, wenn ich mich selbst darum kümmern muss?
- Wann genau ist die Ziellinie erreicht, und ab wann vergeude ich nur meine Zeit?

Und jetzt gehen wir diese Fragen gemeinsam durch, wobei Ihre Aufgabe darin besteht, Ihre bisherigen Denk- und Verhaltensweisen auf den Prüfstand zu stellen.

Wollen oder müssen Sie?

Wie Sie inzwischen wissen, sollten Sie Ihre Zeit und Energie gebündelt in die entscheidenden 20 Prozent (später vielleicht sogar weniger) der Tätigkeiten investieren, mit denen Sie 80 Prozent dessen erreichen, was Sie sich vornehmen. Welche das konkret sind, finden Sie jedoch nur heraus, indem Sie jede Aufgabe, die auf Ihrem Tisch landet, einem »Eignungstest« unterziehen, um ihre Relevanz einzuschätzen, bevor sie tatsächlich auf Ihrer »Zu erledigen«-Liste landet. So stellen Sie sicher, dass Ihre Liste nur klar definierte, erfolgsrelevante Tätigkeiten enthält, die Sie in großen Schritten an Ihr Ziel führen.

Zuerst sollten Sie sich prinzipiell immer fragen: »Will ich das, muss ich das, ist es notwendig?«, und zwar in genau dieser Kombination.

Spricht irgendetwas zwingend dafür, dass Sie den Job übernehmen? Wenn nicht, dann lassen Sie die Finger davon, wenn Sie es nicht wollen.

Wenn ja, gehen Sie zur nächsten Fragestellung über.

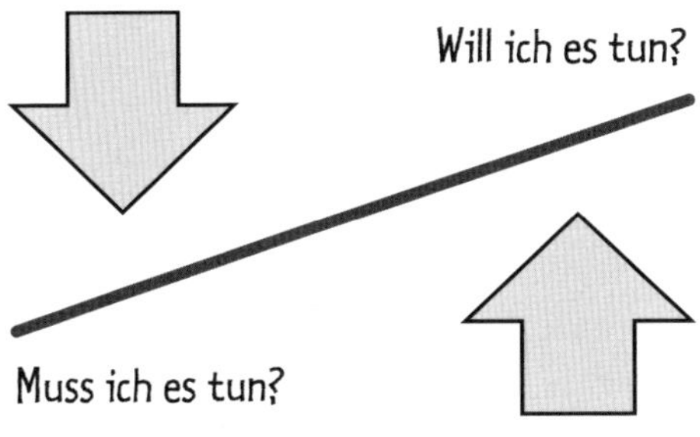

Lohnt sich die Mühe?

Sobald Sie wissen, ob Sie eine Aufgabe erledigen wollen oder müssen, führen Sie eine Art Kosten-Nutzen-Analyse durch, um herauszufinden, ob das voraussichtliche Ergebnis die Mühe überhaupt wert ist.

Dieser Schritt dient dazu, die wichtigen Tätigkeiten (die relevanten 20 Prozent) zu identifizieren und zu bewerten, zu welchen Ergebnissen sie voraussichtlich führen.

Gibt es jemanden, der es besser kann?

Selbst wenn Sie die vorherigen Fragen bejaht haben, ist immer noch zu klären, ob unbedingt Sie den Job erledigen müssen. Sind Sie tatsächlich die am besten qualifizierte Person, oder fällt Ihnen jemand ein, der die Arbeit besser und vielleicht auch effizienter als Sie erledigen kann? Wenn es so jemanden gibt, erübrigen sich weitere Überlegungen. Überlassen Sie die Aufgabe ihm.

Das wirklich Wichtige

Nachdem Sie gründlich darüber nachgedacht und grob geplant haben, worauf Sie sich konzentrieren sollten, können Sie sich nun den wirklich wichtigen Dingen widmen, anstatt sich von weniger wichtigen Angelegenheiten Zeit und Nerven rauben zu lassen.

Wenn »Ja« die einzig richtige Antwort auf alle bisherigen Fragen war, stehen Sie jetzt in der Pflicht. Sie haben etwas zugesagt und sind somit auch für das Ergebnis Ihrer Arbeit verantwortlich.

Nach wie vor und jetzt erst recht lautet Ihr Motto: »Weniger ist mehr.« Denn bevor Sie sich daranmachen, all die Dinge zu tun, die notwendig und wichtig sind, empfehlen sich folgende Überlegungen:

- Gibt es Schritte oder Teilbereiche, die automatisierbar, skalierbar, vielseitig einsetzbar oder wiederverwendbar sind? An fantasievollen Ideen mangelt es Ihnen sicher nicht, denn wie jeder »produktive Faulenzer« sind Sie ein überdurchschnittlich kreativer Mensch. Gestalten Sie »es«, was immer es ist, so, dass es Ihnen und anderen ein vielseitiges, beliebig oft einsetzbares Hilfsmittel ist, auf das jeder zugreifen kann, ohne sich an Sie wenden zu müssen (was Sie nur wertvolle Zeit kostet).

- Lässt sich irgendetwas vereinfachen oder abkürzen? Versuchen Sie, komplizierte, zeitraubende Aufgaben so einfach wie möglich zu gestalten. Zerlegen Sie sie dazu in einzelne Arbeitsschritte und prüfen Sie anschließend, ob sich bestimmte Schritte vielleicht erübrigen, wenn Sie andere effizienter gestalten oder zusammenfassen können. Überlegen Sie, welche Arbeiten Sie delegieren, automatisieren oder als überflüssig streichen können. Versuchen Sie, es sich immer so einfach wie möglich zu machen.

Skalieren und vielseitig einsetzbar machen.
Vereinfachen und abkürzen.
Alles erst dann liefern, wenn es gebraucht wird – sofern es dann überhaupt noch gebraucht wird.

- Ist es eilig oder können Sie sich Zeit lassen? Wird das Ergebnis Ihrer Arbeit unbedingt zu dem genannten Termin benötigt? Müssen Sie Kollegen zuarbeiten, die in Verzug geraten, wenn Sie nicht termingerecht liefern? Es soll doch tatsächlich schon vorgekommen sein, dass sich jemand abhetzt und überpünktlich Ergebnisse liefert, nur um dann festzustellen, dass die Sache doch nicht so eilig, wenn nicht gar überflüssig war. Das ist natürlich die absolute Ausnahme, verstehen Sie mich richtig, aber in einem solchen Fall erweist sich Untätigkeit im Nachhinein als das Produktivste, was Sie tun konnten. Bedenken Sie immer, dass alles ständig in Bewegung ist und sich jeden Moment ändern kann. Schließlich leben wir in einer Welt komplexer Interaktionen, in der sogar ein kleiner Schmetterling* einen verheerenden Wirbelsturm auslösen kann.

---

* Dieses Phänomen wird als Schmetterlingseffekt bezeichnet, den Edward Lorenz, Begründer der Chaostheorie, formulierte. Es besagt, dass kleinste Ursachen gewaltige Wirkung haben können, vergleichbar mit dem Flügelschlag eines Schmetterlings, der dazu führen kann, dass irgendwo anders auf der Welt ein Wirbelsturm entsteht. »Butterflies and Hurricanes« ist außerdem der Titel eines Songs, der auf *Absolution,* dem dritten Album der Band *Muse*, erschien und auch als letzte Singleauskopplung daraus veröffent-

Überlegen Sie sich immer ganz genau, was Sie tun und wie Sie es tun, bevor Sie es tun, damit Sie für Ihre Mühe und Einsatzbereitschaft optimal entlohnt werden.

Empörend?

Das alles klingt für Sie viel zu nüchtern, herzlos und berechnend, ja geradezu zynisch? Glauben Sie mir, das ist es keinesfalls. Jeder sollte es sich zur Regel machen, Anfragen, Anforderungen und Bitten auf ihre Berechtigung und Notwendigkeit hin zu überprüfen, sich genau zu überlegen, ob und wie man behilflich sein kann, nur das zu versprechen, was man auch tatsächlich einhalten kann, und dazu stehen, dass man gelegentlich auch einmal eigene Interessen verfolgt.

---

licht wurde. Bei diesem und einem weiteren Song, wie auch bei einer frühen, nie veröffentlichten Studioversion von »Apocalypse Please« wurden Geigenpassagen eingespielt. »Butterflies and Hurricanes« ist unter Fans für das Klaviersolo berühmt, das wie viele andere Stücke der Band von Rachmaninow inspiriert ist. Wie der Titel vermuten lässt, geht es in dem Stück darum, dass winzig kleine Veränderungen nach und nach gewaltige Auswirkungen haben können.

Nigel packt den dicksten Brocken an

Nigel ist sehr zufrieden damit, wie sich die Dinge für ihn entwickeln. Zuerst hat er es geschafft, sein spontanes »Ja« in ein »Ja, aber frühestens in zwei Wochen« abzuändern, und dann ist er kurz darauf telefonisch informiert worden, dass er sich überhaupt nicht mehr darum zu kümmern braucht.

»Nachdem sich herausstellte, dass die Angelegenheit keine zwei Wochen warten kann und es außerdem eine Mitarbeiterin gibt, die dafür wesentlich besser geeignet ist als ich, haben sie ihr den Job übertragen«, erklärt Nigel einem Arbeitskollegen in der Kaffeepause.

Als er später wieder an seinem Arbeitsplatz sitzt, wandern seine Gedanken zu dem Buch zurück, in dem er gestern Abend etwas gelesen hat, das den Nagel wirklich auf den Kopf trifft: »Weniger ist mehr.«

Dann kommt ihm seine Aufgabenliste in den Sinn, auf der eine zu erledigende Arbeit steht, die ihm schon lange Kopfschmerzen bereitet und vor seinem geistigen Auge in Leuchtbuchstaben blinkt. Wie lange hat er sich davor eigentlich schon gedrückt?

»Auf geht's, bringen wir das Schlimmste hinter uns«, erklärt Nigel jedem, der sich in Hörweite befindet, befreit seinen Geist und seinen Schreibtisch von allem, was ihn ablenken könnte, und beschließt, diesen »dicken Brocken« jetzt anzupacken.

Nigel will schließlich nicht auch noch ein Schild mit dem Aufdruck »Was du heute kannst besorgen, schaffst du locker auch noch morgen« kaufen müssen. Das wäre absolut nicht im Sinne des »produktiven Faulenzens«.

Was er braucht, ist nur der richtige Anreiz, um einfach anzufangen. Das erinnert ihn an einen Witz:

Ein altmodischer Lastwagenfahrer ohne Mobiltelefon macht sehr häufig an einer Raststätte Pause, wo es noch ein Münztelefon gibt. Pech und äußerst ungünstig für ihn ist, dass es eines Tages nicht mehr funktioniert.

Er bittet die Telefongesellschaft wiederholt darum, es zu reparieren, doch obwohl man ihm die Reparatur immer wieder zusichert, bleibt das Telefon außer Betrieb.

Einige Tage später hat er die zündende Idee. Er ruft die Telefongesellschaft erneut an und teilt mit, dass es überhaupt keine Eile mehr hätte, das Telefon zu reparieren. Man könne jetzt wieder damit telefonieren, nur würde der Münzfernsprecher das Geld wieder ausspucken, sobald man den Hörer auflegt. Aber das sei ja nicht so schlimm.

Es dauert keine Stunde, bis ein Wartungstechniker auftaucht, um das Telefon zu reparieren.

Wild entschlossen, die harte Nuss jetzt endlich zu knacken, analysiert Nigel die Problematik aus jeder nur erdenklichen Perspektive. Er erkundigt sich nach dem aktuellen Stand, sammelt Informationen, um die Zusammenhänge besser zu verstehen, und bittet einige Kollegen um Unterstützung und Rat. Anschließend überlegt er sich die sinnvollste Vorgehensweise und erstellt einen Plan.

Es ist tatsächlich schon ein kleines Erfolgserlebnis, dass er die Sache jetzt endlich angegangen ist. Irgendwie scheint das

»Problem« in seiner Vorstellung immer größer, komplizierter und schrecklicher geworden zu sein, je länger er versucht hat, es zu ignorieren. Dabei stellt Nigel jetzt fest, dass es objektiv und bei Tageslicht betrachtet durchaus lösbar ist.

Auf alle Fälle hat Nigel den dicksten Brocken ins Rollen gebracht und wird ihn bald aus dem Weg geräumt haben. Dann kann er diese Aufgabe ein für alle Mal von seiner Liste streichen.

Gelegenheit

»Aus dem Zusammentreffen
von Vorbereitung und
Gelegenheit entsteht das,
was wir Glück nennen.«

SENECA

Flexibilität trifft auf Gelegenheit

→ **In diesem Abschnitt befassen wir uns mit günstigen Gelegenheiten und plötzlich auftretenden Schwierigkeiten, die es zu ergreifen oder zu bewältigen gilt, weshalb es klug und sinnvoll ist, nicht ständig zu 100 Prozent ausgelastet zu sein.**

Betrachten Sie es einmal so: Wenn Sie Ihr Kapazitätslimit für die tägliche Routine – die laufenden Aufträge und unfertigen Arbeiten, die zu jedem gegebenen Zeitpunkt den Großteil Ihrer verfügbaren Zeit binden – absenken, gewinnen Sie ganz automatisch an Flexibilität, um auf unerwartete Ereignisse reagieren zu können, ohne dass Ihr Tagesgeschäft darunter leidet. Anders ausgedrückt: Sie gewinnen einen bestimmten Anteil Ihrer maximal verfügbaren, vorher aber für die tägliche Routine verplanten Zeit zurück.

Jede andere Vorgehensweise führt unweigerlich dazu, dass Sie permanent vollkommen ausgelastet und früher oder später überlastet sind. Es ist nur eine Frage der Zeit, bis Sie

- einen Burnout erleiden und
- regelmäßig mehr um die Ohren haben, als sie körperlich (und geistig) bewältigen können.

Es gibt viele Menschen, die selbst unter immensem Druck Spitzenleistungen erbringen können, und das ist großartig. Dennoch darf Stress am Arbeitsplatz kein Dauerzustand werden, denn irgendwann ist immer der Punkt erreicht, an dem der Druck zu stark wird, um ihm standzuhalten – und der Erste, der zusammenbricht, sind sehr wahrscheinlich Sie.

Um echte Erfolge feiern und Herausragendes leisten zu können, ist es entscheidend, flexibel zu bleiben und sich Spielraum zu verschaffen. Das heißt nicht, dass Sie Ihre Verpflichtungen anderen gegenüber als unverbindlich betrachten sollen, sondern dass Sie offen und bereit für neue Aufgaben und Herausforderungen sind, die sich unerwartet ergeben.

Sie wissen schließlich nie, welche Überraschungen und Zufallsbegegnungen das Schicksal in den nächsten 24 Stunden für Sie bereithält. Vielleicht erhalten Sie Post, treffen jemanden in einer Besprechung, unterhalten sich während eines Telefonats über dieses und jenes, und plötzlich bietet sich Ihnen genau die Chance, von der Sie schon so lange geträumt haben. Was Sie aber bestimmt wissen, ist, wie enttäuscht Sie wären, wenn Sie das Angebot, mit an Bord zu kommen, dem Team beizutreten oder Ihr Traumprojekt zu leiten, ablehnen müssten, weil Sie einfach keinerlei Kapazitäten mehr frei haben.

Chancen sausen lassen, weil Sie zu beschäftigt sind, geht gar nicht!

Auch Probleme und Krisensituationen können völlig unerwartet eintreten und Ihre uneingeschränkte Aufmerksamkeit fordern. Wenn Sie jedoch schon zu 100 Prozent ausgelastet sind, müssen Sie für die plötzlich dringende Angelegenheit andere

Aufgaben vernachlässigen, die Sie für diesen Zeitraum geplant hatten.

Ob nun schöne oder böse Überraschung, das Ergebnis ist in beiden Fällen dasselbe: Sie sind enttäuscht und unzufrieden. Daran sind Sie leider nicht ganz unschuldig, weil Sie sich zu 100 Prozent ausgelastet haben. Mit einem kleinen Spielraum, der es Ihnen gestattet, flexibel auf überraschende Entwicklungen zu reagieren, können Sie sich solche Enttäuschungen sehr leicht ersparen.

Wie es um Ihre Flexibilität bestellt ist, können Sie mit nachfolgendem Test herausfinden.

1. Denken Sie zum Beispiel an den morgigen Tag. Wie viele Stunden sind Sie voraussichtlich aktiv (das heißt wach und mit irgendetwas beschäftigt)? Sofern Sie keinen Zeitreisetrick auf Lager haben, ist das Ihre maximale Auslastungskapazität für Tätigkeiten jedweder Art.

2. Jetzt listen Sie jede einzelne Tätigkeit oder Aktivität Ihres morgigen Tags auf. Und ich meine wirklich alles: frühstücken, duschen, zur Arbeit fahren, E-Mails bearbeiten, an Besprechungen teilnehmen, Telefonate führen, Freizeitaktivitäten, Unternehmungen mit der Familie oder Freunden und so weiter.

3. Schreiben Sie neben sämtliche Aktivitäten nun die Zeit, die Sie dafür benötigen. Ganz ehrlich! Wenn Sie auf-

schreiben, dass Sie nur zehn Minuten für Ihre E-Mails benötigen und in weniger als 25 Minuten bei der Arbeit sind, beschummeln Sie sich doch nur selbst.

4. Fein, dann rechnen Sie mal zusammen ... nein, stopp, warten Sie. Gehen Sie die Zeiten lieber noch einmal durch. Bitte. Nur zur Sicherheit, falls Sie aus Versehen vielleicht doch ein klein wenig geschummelt haben. Das ist Ihre letzte Chance, Ihr Gewissen zu erleichtern, nutzen Sie sie. Und jetzt rechnen Sie das mal zusammen.

Was kommt dabei heraus? Wie viele Stunden Ihrer maximalen Auslastungskapazität sind bereits fest verplant?

Wie viel zeitlichen Spielraum haben Sie, um auf außerplanmäßige, unvorhersehbare Ereignisse zu reagieren?

Falls Sie Ihre Kapazitäten zu mehr als 80 Prozent verplant und weniger als 20 Prozent* Restkapazitäten zur flexiblen

---

* Da ist sie wieder, unsere 80:20-Regel. Das Paretoprinzip ist übrigens eines der Grundprinzipien, auf dem der 2007 erschienene Bestseller *The 4-Hour Workweek* von Tim Ferriss aufbaut. Eine 4-Stunden-Arbeitswoche ist möglich, so der Autor, wenn Sie sich auf die 20 Prozent Ihrer Kunden konzentrieren, die Ihnen 80 Prozent Ihres Umsatzes einbringen. Was der Autor interessanterweise auch empfiehlt, ist, sich von den 20 Prozent Ihrer Kunden zu verabschieden, die Ihnen 80 Prozent Ihrer Zeit rauben und die meisten Probleme verursachen. Bezogen auf Ihre persönlichen Prioritäten könnten Sie ja einmal darüber nachdenken, ob Sie sich von den 20 Prozent Ihrer unwichtigsten Aktivitäten verabschieden, damit Sie die wichtigen 80 Prozent besser erledigen können und

Verwendung übrig haben, halsen Sie sich zu viel auf. Werfen Sie bitte noch einmal einen scharfen Blick auf Ihre Liste und überlegen Sie ernsthaft, ob Sie einige Tätigkeiten streichen, vereinfachen oder abkürzen können, wobei Sie sich helfen lassen können und so weiter.

Erinnern Sie sich noch an die zwei Möglichkeiten, von A nach B zu kommen? Dass Sie entweder einen flotten Fußmarsch von Ausgangspunkt A zu Zielpunkt B unternehmen oder sich Zeit lassen können, um unterwegs spontan Abstecher zu interessanten Orten zu machen. In diesem Zusammenhang habe ich gesagt, dass für einen produktiven Faulenzer natürlich nur der zielstrebige Fußmarsch von A nach B infrage kommt, und falls Zielpunkt B nicht das Ende der Reise markiert, sondern nur ein Etappenziel zu Punkt C ist, würde ein wahrhaft produktiver Faulenzer sogar nach einer Abkürzung suchen, die ihn von A direkt nach C führt. An dieser Stelle möchte ich hinzufügen, dass Sie mit genügend zeitlichem Spielraum natürlich auch öfter einmal die längere, aber landschaftlich schönere Strecke wählen können, die Ihnen sicher die reizvolleren Perspektiven zu bieten hat.

Auch hier gilt wieder:
Überlegen, planen, Prioritäten setzen, sich auf das Ziel konzentrieren!

---

gleichzeitig zeitlichen Spielraum gewinnen, um gute, unverhoffte Gelegenheiten zu ergreifen.

Gehen Sie die Liste, die Sie gerade erstellt haben, noch einmal in Ruhe durch, und nehmen Sie sich vor, mindestens eine der Tätigkeiten zu streichen. Das wäre schon mal ein guter Anfang. Ach, und noch etwas: »Essen« und »atmen« werden nicht gestrichen!

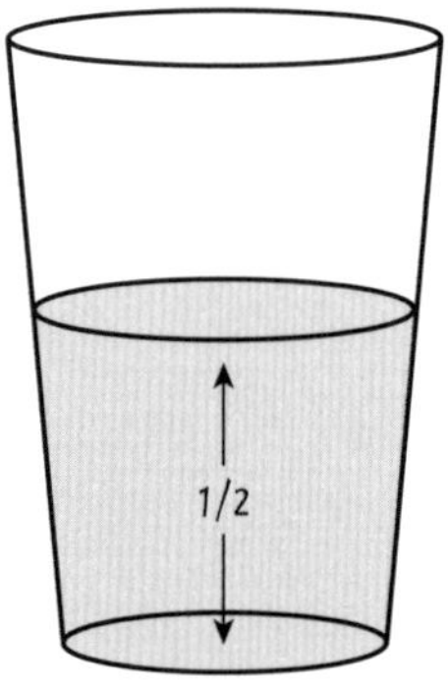

Auf dem Tisch steht ein Glas Wasser … Der eine sagt: »Es ist halb voll.« Das muss ein Optimist sein. Der andere sagt: »Es ist halb leer.« Das muss ein Pessimist sein. Der Nächste sagt: »Es ist doppelt so groß wie notwendig.« Das muss ein Unternehmensberater sein, der seine Analyse auch sofort in Rechnung stellt.*

Der produktive Faulenzer aber sagt: »Das Glas ist genau mit der richtigen Menge Wasser gefüllt. Es ist im Handumdrehen aufgefüllt, wenn ich viel Durst bekomme, und es ist in einem Schluck geleert, wenn mir jemand einen Drink spendieren will oder es ganz plötzlich Champagner auf Kosten des Hauses gibt.«

---

* Ich bitte alle Unternehmensberater, mir zu vergeben. Ich war selbst auch mal einer (inzwischen geht es mir aber wieder gut). Um der Gerechtigkeit willen musste ich Sie hier aber auf den Arm nehmen, denn im Anhang bekommen andere Berufsstände ihr Fett ab.

Nigel verschafft sich Spielraum für Chancen

Beschwingt und motiviert von der gelungenen Umsetzung seines kühnen Plans und der erfolgreichen Inangriffnahme seines dicksten Brockens vertieft sich Nigel abends wieder in das Buch, das ihn zu eben jenem Plan inspiriert und ihn dazu ermutigt hat, Herausforderungen die Stirn zu bieten.

Als Nächstes macht Nigel den Flexibilitätstest und stellt bestürzt fest, dass seine Reaktionsfähigkeit wohl am ehesten mit dem Zustand der Leichenstarre zu beschreiben ist. Daran muss er unbedingt etwas ändern.

Ihm wird klar, dass er seine täglichen Aktivitäten effizienter gestalten muss, und bei dem Stichwort Effizienz fällt ihm natürlich sofort wieder ein Witz ein:

Ein Experte beendet seinen Vortrag über Effizienzsteigerung am Arbeitsplatz mit den Worten: »Abschließend noch ein guter Rat: Probieren Sie bloß nicht, diese Maßnahmen im Privatleben umzusetzen.«

»Warum denn nicht?«, will einer der Zuhörer wissen.

Darauf der Experte: »Wissen Sie, ich habe jahrelang beobachtet, wie meine Frau das Frühstück zubereitet. Sie lief unzählige Male zwischen Kühlschrank, Herd, Tisch und Küchenschrank hin und her, weil sie alles einzeln zusammentrug. Eines Tages wies ich sie freundlich darauf hin, dass es wesentlich schneller und effizienter wäre, mehrere Dinge gleichzeitig zu transportieren.«

»Ja, und? Steht das Frühstück denn seitdem nicht schneller auf dem Tisch?«, erkundigt sich der Zuhörer.

»Doch, das schon«, gibt der Experte zu. »Meine Frau brauchte immer 20 Minuten dafür, ich schaffe es jetzt in der Hälfte der Zeit.«

Nigel sieht auf den ersten Blick, dass ihn das Lesen und Beantworten seiner E-Mails täglich unverhältnismäßig viel Zeit kostet. Nigel erinnert sich an den Kurs über E-Mail-Verwaltung, an dem er einmal teilgenommen hat. Der Schulungsleiter hat gesagt, man sollte nie mehr unbearbeitete E-Mail-Nachrichten haben, als man »auf einen Blick, ganz ohne Klick« überblicken könne. Das ist bei Nigel nun wirklich nicht der Fall. Er hat definitiv den Überblick verloren, und es ist gut möglich, dass ihm in der Masse seiner E-Mails eine wichtige Information entgangen ist, was sich irgendwann später rächen würde.

Nigel fasst einen Beschluss: Morgen ist der erste Punkt auf seiner Tagesordnung, seinen Posteingang zu sichten, wichtige E-Mails im richtigen Ordner abzuspeichern, überflüssige zu löschen und ab sofort jede neue Nachricht gleich zu lesen, um festzustellen, ob er sich an der Kommunikation beteiligen muss oder nur zu informativen Zwecken auf der Verteilerliste steht.

Er könnte sich als Gedächtnisstütze ja einen Zettel mit »Auf einen Blick, ganz ohne Klick« an den Monitor kleben.

»Bleib in deiner Entscheidung hart, aber flexibel, was die Herangehensweise betrifft.«

ANTHONY (TOM) ROBBINS

Sind wir schon da?

→ Nachdem Sie nun einmal Ja gesagt haben, geht es in diesem Abschnitt darum, herauszufinden, wie Sie Ihre Zusage am besten einhalten können, wobei »am besten« bedeutet: mit exakt dem Aufwand, der maximalen Erfolg garantiert.

Bei Familienausflügen habe ich als kleiner Junge nie verstanden, weshalb wir ewig lange im Auto durch die Gegend gondelten, nur um zu irgendeinem speziellen Ziel zu gelangen, das sich meine Eltern in den Kopf gesetzt hatten. Während der manchmal stundenlangen Autofahrten saß ich auf dem Rücksitz, blickte aus dem Fenster und quengelte herum, wieso wir nicht einfach in diesen Freizeitpark gingen, jenen Wald erkundeten oder ein Picknick an dem Fluss dort drüben machten. Immer durften meine Eltern bestimmen, wohin wir fuhren, und dann dauerte es auch noch ewig, bis wir da waren!

Wenn wir dann endlich an unserem Ziel ankamen, war es natürlich immer toll und im Nachhinein betrachtet die lange Fahrt wert. Aber damals dachte ich, wir hätten an jedem anderen Ort auf der Strecke genauso viel Spaß miteinander haben und uns (vor allem aber mir) die ewige Fahrerei ersparen können. Was Familienausflüge betraf, war ich wesentlich schneller und einfacher zufriedenzustellen als meine Eltern.* Kann sein, dass ich schon als Kind stark zu dem Faulenzer-

---

* Wie ich in der Widmung erwähnt habe, sind meine Eltern inzwischen vom Auto auf das Flugzeug umgestiegen. Sie unternehmen

motto »weniger ist mehr« tendierte (natürlich nur in positiver Hinsicht).

Auf alle Fälle sind wir nun bei den letzen beiden der fünf wichtigen Fragen* angelangt:

- Wie komme ich am schnellsten und einfachsten zum Ziel, wenn ich mich selbst darum kümmern muss?
- Wann genau ist die Ziellinie erreicht, und ab wann vergeude ich nur meine Zeit?

Sie müssen also etwas tun, und das wollen Sie ja auch, aber worum geht es eigentlich genau? Wie kommen Sie am schnellsten an den Punkt, der Ihre Ziellinie markiert?

Wie gelangen Sie am schnellsten ans Ziel?
An welchem Punkt schießen Sie über das Ziel hinaus?

Jeder Mensch hat das Bedürfnis, sein Können und Wissen unter Beweis zu stellen und möglichst gute Leistungen zu erbringen. Zwischen guten und überdurchschnittlich guten Leistungen

nach wie vor Ausflüge – zu immer weiter entfernten Zielen und ohne mich mitnehmen zu wollen.

* Falls Sie nicht mehr wissen, wovon ich rede: Das sind die fünf wichtigen Fragen, die Sie sich schon gestellt haben, als Sie sich entschieden, dieses Buch zu kaufen. Oder waren es doch sechs? Schauen Sie lieber noch mal nach.

besteht jedoch ein himmelweiter Unterschied. Es gibt natürlich Situationen, in denen es angebracht ist, Spitzenleistungen zu erbringen und die Erwartungen weit zu übertreffen. Zum Beispiel, wenn Sie das erste Mal mit jemandem zu tun haben und einen besonders guten Eindruck machen möchten. Im Allgemeinen haben jedoch weder Sie noch ein anderer etwas davon, wenn Sie mehr leisten, als von Ihnen erwartet wird.

Doch woran erkennen Sie die Ziellinie, und an welchem Punkt genau schießen Sie darüber hinaus und vergeuden Zeit und Energie?

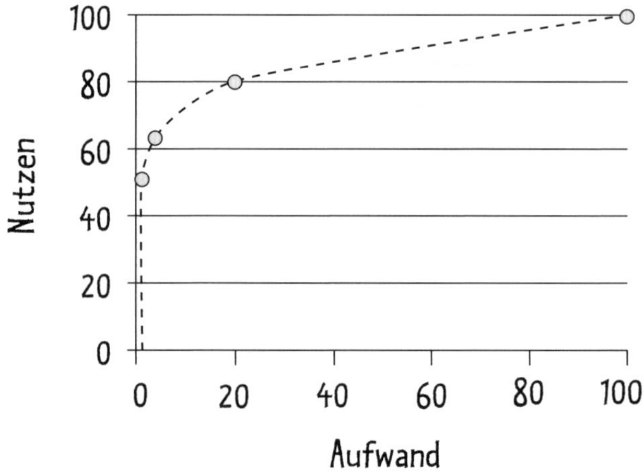

Nun gilt es, den »Sweet Spot« zu identifizieren. Wenn Sie Golf spielen, wissen Sie, was damit gemeint ist, falls nicht, will ich es kurz erklären: Das ist der Punkt, an dem die Relation zwischen Aufwand und Ertrag beziehungsweise zwischen Kosten und Nutzen optimal ist. Und wie finden Sie diesen Punkt?

Indem Sie sich der guten alten 80:20-Regel bedienen, die sich wieder einmal als ungemein nützlich und zutreffend erweist.

Sieh an! Bei 20 Prozent Aufwand sind bereits 80 Prozent des zu leistenden Ergebnisses erbracht.

Ist es wirklich so einfach? Oft schon, manchmal aber auch nicht. Ob Sie mit 80 Prozent auf der sicheren Seite stehen, hängt von der jeweiligen Aufgabe und Situation ab und ist somit von Fall zu Fall zu entscheiden.

Machen Sie sich bewusst, welchem Zweck die von Ihnen zu erbringende Leistung dient, und überlegen Sie, ob 80 Prozent Ihres Arbeitsergebnisses ausreichen, um diesen Zweck zur allgemeinen Zufriedenheit zu erfüllen. Faktoren, die Sie bei Ihrer Entscheidung berücksichtigen sollten, sind:

- Qualitätsstandards,
- Sicherheitsstandards,
- gesetzliche Bestimmungen
- und weitere Richtlinien und Vorgaben, die für Ihre Branche oder in Ihrem Unternehmen vorgeschrieben sind.

Abgesehen von äußeren Notwendigkeiten entscheiden insbesondere diese zwei Faktoren darüber, wie sehr Sie sich ins Zeug legen:

Persönliche Befriedigung. An welchem Punkt geben Sie sich mit dem Ergebnis zufrieden? Wenn Sie etwas gern tun und ganz in Ihrer Arbeit aufgehen, besteht immer die Gefahr, weit über das erwartete Leistungsziel hinauszuschießen. Wenn Sie genügend Zeit haben, ist daran absolut nichts auszusetzen, doch wenn Sie sowieso viel zu viel zu tun haben, ist es unproduktiv und setzt Sie noch mehr unter Druck.

Lob und Anerkennung. Wie wichtig ist es Ihnen, Pluspunkte bei Kollegen, Vorgesetzten oder Kunden zu sammeln? Wenn Sie einen Routinejob zu erledigen haben, sind in der Regel doch alle glücklich und zufrieden, wenn Sie ihn ordentlich abwickeln. Herausragende Spitzenleistungen sind nur in den Fällen angebracht und angeraten, in denen Sie einen besonders guten Eindruck hinterlassen möchten.

Überlegen Sie sich bei jedem neuen Job oder Projekt, an welchem Punkt der »Sweet Spot« erreicht ist. Machen Sie die Kosten-Nutzen-Analyse zu einem festen Bestandteil Ihrer Tages- und Arbeitsplanung.

Wenn Sie eine Aufgabe einfach nur »ordentlich« bewerkstelligen sollen, ist niemandem – und Ihnen schon gar nicht – damit geholfen, wenn Sie ihr übertrieben viel Aufmerksamkeit, Zeit und Energie widmen, sie bis ins kleinste Detail planen und alles komplizierter machen, als es ist.

Betreiben Sie also keinen unnötigen Aufwand, aber werden Sie auch nicht nachlässig.

Fehler von vornherein zu vermeiden ist viel zeitsparender, als Fehler nachträglich zu korrigieren!

Nachbesserungsarbeiten, um Fehler auszubügeln, die sich beim ersten Durchgang eingeschlichen haben, sind zeitraubend, bedeuten den doppelten Aufwand und sind somit immer kontraproduktiv. Wenn Sie in dem, was Sie tun, effizienter werden möchten, sollte Ihnen schon aus eigenem Interesse daran gelegen sein, dass Ihre Arbeit keinen Anlass zur Beanstandung gibt. Selbst die übersichtlichste, optimal ergebnisorientierte Aufgabenliste ist wertlos, wenn Sie sich durch Schlamperei und Leichtsinnsfehler die doppelte und dreifache Arbeit einhandeln und doch wieder zu 100 Prozent ausgelastet sind. Das wäre wirklich unsinnig.

Nigel begreift die Sache mit dem »Sweet Spot«

Bei einer Tasse Kaffee – die wievielte es ist, kann Nigel nicht mehr sagen, es muss aber mindestens die fünfte sein – schießt Nigel plötzlich eine zündende Idee durch den Kopf.

Er beschließt, seine großartige Idee auf der Stelle schriftlich auszuarbeiten, um sie baldmöglichst seinem Chef zu unterbreiten. Nigel geht mit Feuereifer ans Werk. Bisher ist in seinem hektischen Arbeitalltag nie Platz für Ideen gewesen, und nun hat er sogar eine wirklich gute. Sind das etwa schon die ersten kleinen Veränderungen, die sich da bemerkbar machen?

Nigel vertraut sich einem Kollegen an, um die weitere Vorgehensweise zu besprechen. Sie unterhalten sich darüber, wie detailliert der Vorschlag ausgearbeitet sein sollte und wann der beste Zeitpunkt wäre, ihn dem Vorgesetzten vorzulegen. Nigel hat eigentlich vor, den Großteil seiner – gerade erst frei gewordenen – Reservekapazitäten darauf zu verwenden, sorgfältig zu recherchieren und alles bis ins letzte Detail abzuklären, damit er seinem Chef ein fertiges Konzept vorlegen kann. Sein Kollege rät ihm jedoch davon ab.

»Lass dir die Sache einfach aus verschiedenen Perspektiven durch den Kopf gehen und lege dir die Antworten auf die wichtigsten Fragen zurecht. Das sollte für den Anfang genügen«, schlägt Nigels Kollege vor. »Wenn deine Idee prinzipiell auf Zustimmung trifft, kannst du mit deinem Chef besprechen, wie viel deiner Arbeitszeit du in die weitere Ausarbeitung investieren sollst.«

Das ist ein sehr vernünftiger Ratschlag, findet Nigel. Auf diese Weise könnte er schon sehr viel früher einen Gesprächstermin mit seinem Chef ausmachen und – wenn alles gut geht – das Konzept während der Arbeitszeit ausarbeiten, anstatt seine kostbare Freizeit dafür zu opfern. Das ist eindeutig die beste Lösung.

Nigel bedankt sich bei seinem Kollegen für den guten Rat. Genau so wird er es machen. Dann hat er am Wochenende doch tatsächlich mal Zeit, um seine Golfschläger aus der Garage zu holen.

Nigel spielt gern Golf, nur leider viel zu selten, da ihm bisher die Zeit dafür fehlt. Was der »Sweet Spot« ist, weiß Nigel aber. Das ist der Punkt auf dem Schlägerblatt, an dem man den Golfball optimal trifft und ihn in der perfekten Flugbahn genau dorthin schlägt, wo er landen soll.

Nigel kennt unzählige Golfer-Witze, die aber alle so schlecht sind, dass er sie lieber für sich behält.

Wandel

»Ob Sie nun glauben, dass Sie es können, oder ob Sie glauben, dass Sie es nicht können, in beiden Fällen werden Sie recht behalten.«

HENRY FORD

Raus aus der »Komfortzone«

→ In diesem Abschnitt stellen wir Ihren Wunsch nach Veränderungen Ihrem Widerstand gegen Veränderungen gegenüber, finden heraus, was Sie daran hindert, Ihre festgefahrenen Verhaltensmuster und Arbeitsweisen erfolgreich und dauerhaft zu ändern, und schmieden einen Fluchtplan für den Ausbruch aus Ihrer Komfortzone.

Um produktiv und erfolgreich zu faulenzen, kommen Sie nicht umhin, einige Ihrer Verhaltens- und Arbeitsweisen zu ändern, was wiederum nur gelingt, wenn Sie die Brems- und Triebkräfte verstehen, die dabei zum Tragen kommen.

Was Sie jetzt brauchen, ist ein starker Impuls, der Ihre Fluchtgeschwindigkeit (ein Begriff aus der Raumfahrt*) erhöht und Ihnen hilft, aus den gewohnten Bahnen auszubrechen. Wenn Sie aufgrund äußerer Einflüsse** dazu gezwungen sind, sich

---

* Wenn die auf einen Körper wirkende Gravitationskraft und seine Bewegungsenergie in Summe null ergeben, hat er seine Fluchtgeschwindigkeit erreicht, das heißt, ab diesem Moment kann er das Gravitationsfeld ohne zusätzliche Antriebskraft verlassen. Genau genommen ist die Bezeichnung »Fluchtgeschwindigkeit« nicht ganz korrekt, denn sie ist eine skalare, richtungsunabhängige Größe, während man unter »Geschwindigkeit« eigentlich eine vektorielle Größe versteht, die beschreibt, in welcher Zeitspanne sich ein Körper von A nach B bewegt.

** Dass ich mich heute als Autor betätige, hat verschiedene Gründe. Einer war, dass ich aufgrund äußerer Umstände dazu gezwungen war, meine Arbeitsweise gründlich zu überdenken, und von einem

auf Neuland vorzuwagen, sind Veränderungen meist erstaunlich problemlos umzusetzen, da Sie ja sowieso keine andere Wahl haben. Doch davon kann in diesem Kontext wohl nicht die Rede sein. Aus diesem Grund müssen Sie sich nun überlegen, welche Dinge Sie verändern möchten, und sich dann bewusst dafür entscheiden, den Wandel zu vollziehen.

Einfacher wird die Sache, wenn Sie es so betrachten:

Der Wandel lässt sich als Übergang von einem Ist-Zustand (Ist) in einen Soll-Zustand (Soll) beschreiben, der gewisse Vorteile (V) mit sich bringt, die den Lohn für Ihre Mühe darstellen.

Dazu ein Beispiel:

Ich stelle fest: Mein Haus ist viel zu klein, was den Effekt (E) hat, dass ich mich eingeengt fühle, nirgends meine Ruhe und schon gar keinen Platz für irgendwas habe. Das ist kein erfreulicher Zustand.

Das lässt sich beschreiben als: Mein Haus ist viel zu klein (Ist), ein größeres wäre schöner (Soll) und hätte den Vorteil (V), dass wir alle viel mehr Platz hätten.

Außenstehenden dazu angeregt wurde, in Zukunft besser »mehrere Pfeile im Köcher« zu haben. (Falls Sie die Redewendung nicht kennen: Sie bedeutet, sich Optionen zu schaffen, auf die man im Notfall zurückgreifen kann.)

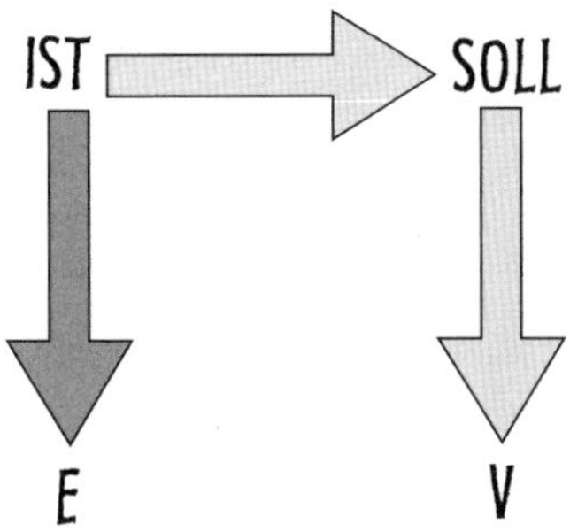

E(ffekte) sind die treibenden Kräfte, die Verändungen herbeiführen.

Was Ihre Bereitschaft zu Veränderungen betrifft, befinden Sie sich vermutlich in einem der folgenden Stadien:

- Möglicherweise mangelt es Ihnen noch an dem richtigen Problemverständnis, und Ihr Änderungsbedarf geht gegen null. (Eher unwahrscheinlich, denn schließlich haben Sie sich ja dieses Buch gekauft. Aber vielleicht haben Sie es ja auch geschenkt bekommen, was darauf hindeuten könnte, dass ein anderer Ihre Probleme besser versteht als Sie selbst.)

- Sie wissen um Ihre Probleme und haben großen Änderungsbedarf, aber keinen Plan (wobei Ihnen dieses Buch hoffentlich weiterhilft).

- Sie haben sogar schon einen Plan, brauchen aber Hilfe bei der Umsetzung.

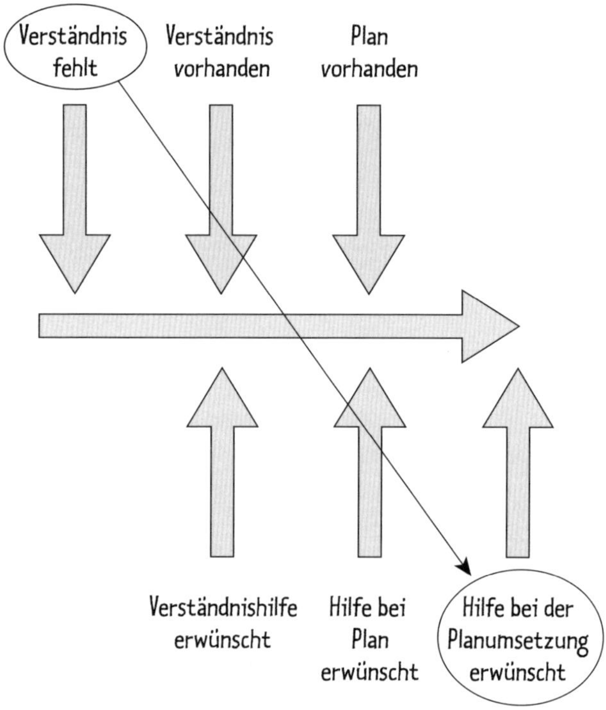

Zur Erklärung:

- Verständnis fehlt: Wieso fühlen Sie sich bloß immer so eingeengt, haben nirgends Ihre Ruhe und schon gar keinen Platz für irgendwas?

- Verständnis vorhanden, Hilfe bei Plan erwünscht: Mein Haus ist viel zu klein, was soll ich nur tun?

- Verständnis und Plan vorhanden: Mein Haus ist viel zu klein, ich muss umziehen und habe einen Plan, brauche aber praktische Unterstützung.

Vorsicht: Es folgt wieder ein kleiner Abstecher in die Theorie.

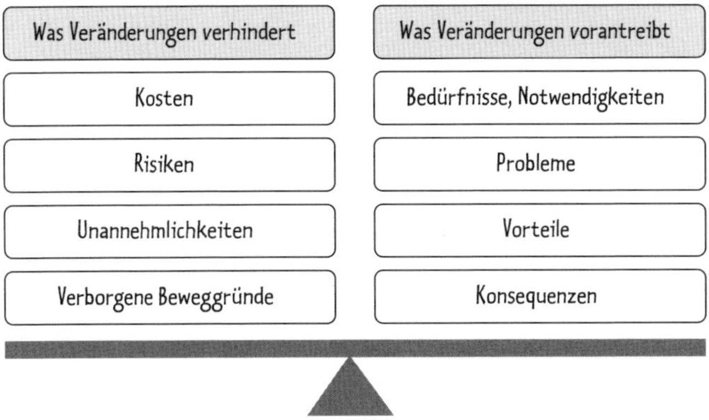

Was Veränderungen verhindert

Die erfolgreiche Umsetzung von Veränderungen jedweder Art gelingt grundsätzlich nur, wenn die Widerstandskräfte nicht überwiegen, die Veränderungen verhindern oder sich doch als Argumente gegen Veränderungen anbieten (und dankbar von der kleinen Stimme in Ihrem Hinterkopf aufgegriffen werden, die Sie sicherlich auch gelegentlich hören). Betrachten wir diese Widerstände einmal etwas genauer:

Kosten: Was immer man vorhat, es kostet irgendetwas. Entweder Geld oder Zeit und Energie (und Nerven, weil man etwas anderes vernachlässigen oder auf später verschieben muss).

Risiken: Was passiert, wenn das Änderungsvorhaben scheitert, alles schiefgeht, die Arbeit noch einmal getan werden muss und man sich blamiert? Wie groß ist die Angst zu versagen, und welche Konsequenzen zieht ein möglicher Misserfolg für alle Beteiligten nach sich?

Unannehmlichkeiten: Veränderungen sind immer mit gewissen Unannehmlichkeiten verbunden, doch die Phase, in der es wehtut, geht auch wieder vorbei. Ein Veränderungsprozess vollzieht sich nie völlig schmerz- und reibungslos, und die negativen Begleiterscheinungen muss man einfach hinnehmen.

Verborgene Beweggründe: Die ersten drei Hinderungsgründe liegen auf der Hand, doch jemand, der sich vehement gegen Veränderungen wehrt, hat oft weitere, verborgene Beweggründe. Wenn Sie es sind, der sich gegen Veränderungen sträubt, ist der beste Weg, den Ursachen auf den Grund zu gehen, absolut ehrlich mit sich selbst zu sein. Wenn es ein anderer ist, der sich gegen Ihren Änderungsvorschlag sträubt, ist sehr viel Fingerspitzengefühl und Einfühlungsvermögen erforderlich, um seine verborgenen Beweggründe herauszufinden.

Obwohl sich die Kosten, Risiken und Unannehmlichkeiten möglicherweise eindeutig benennen und bisweilen sogar beziffern lassen, bleiben die verborgenen Beweggründe oft im Dunkeln, weshalb das »Gewicht«, das die Widerstandskräfte auf die Waage bringen, oft nur grob geschätzt werden kann.

Was Veränderungen vorantreibt

Auf der anderen Seite fallen die Argumente ins Gewicht, die für Veränderungen sprechen:

Bedürfnisse und Notwendigkeiten: Die klar definierbaren Triebkräfte, einen Veränderungsprozess in Gang zu setzen, die Gründe für den Wunsch, etwas zu ändern.

Probleme: Was läuft schief, bereitet Schwierigkeiten oder Sorgen und lässt den Wunsch entstehen, den Status quo zu verändern?

Vorteile: Welche Vorteile soll der Wandel mit sich bringen, mit welchen Verbesserungen ist zu rechnen, wenn ein neuer Weg eingeschlagen wird?

Konsequenzen: Welche Konsequenzen hat es, wenn alles so bleibt, wie es ist? Was passiert, wenn keine Veränderungen stattfinden? Dies impliziert natürlich, dass der Wunsch und der Wille zu Veränderungen bereits vorhanden sind.

Ihre Aufgabe ist nun, möglichst schwergewichtige Gründe in die Waagschale der treibenden Kräfte zu legen, damit Sie eine realistische Chance haben, positive und nachhaltige Veränderungen in Ihrem Leben umzusetzen.

Die Erfolgsformel des Wandels

Der Veränderungsprozess lässt sich tatsächlich durch eine Formel beschreiben, die von Richard Beckhard und David Gleicher erfunden und von Kathie Dannemiller weiterentwickelt wurde. Diese Formel wird als Formel der Veränderung, »Change«-Formel oder auch einfach als Gleicher-Formel bezeichnet.* Dannemillers Version der Formel ($U \times V \times E \times F > W$) ist ein Instrument, mit dem sich die Erfolgschancen betrieblicher Veränderungsprogramme beurteilen lassen, indem die entscheidenden Faktoren miteinander verknüpft und zueinander in Beziehung gesetzt werden.

Die entscheidenden Faktoren sind Grundvoraussetzungen, die erfüllt sein müssen, um betriebliche Veränderungen nachhaltig durchzusetzen:

U = Unzufriedenheit mit der Realität
V = Vision einer positiven Möglichkeit
E = Erste Schritte in die Richtung dieser Vision

* Die ursprüngliche Formel, die von Gleicher aufgestellt und von Beckhard und Harris beschrieben wurde, lautet: $C = (ABD) > X$, wobei C für Veränderung (Change) steht, A für die Unzufriedenheit mit dem Status quo, B für den klar definierten Wunschzustand, D für die erforderlichen Schritte, um den Wunschzustand zu erreichen, und X für die Kosten der Veränderung. Für die Anwendung in der Praxis durch Unternehmensberater und Führungskräfte entwickelte Kathleen Dannemiller eine vereinfachte Version dieser Formel; vgl. http://en.wikipedia.org/wiki/Formula_for_Change.

F = Führung, unter deren Leitung alle gemeinsam auf die Verwirklichung der Vision hinarbeiten

Ist das Produkt aus diesen vier Faktoren größer als

W = Widerstand,

sind nachhaltige, erfolgreiche Veränderungen möglich. Sollte einer dieser Faktoren fehlen oder nur sehr schwach ausgeprägt sein, reicht das Produkt aus den Faktoren aller Voraussicht nach nicht aus, um den Widerstand zu überwinden.

Um sicherzustellen, dass ein betrieblicher Veränderungsprozess erfolgreich umgesetzt wird, muss eine Vision geschaffen werden und klar sein, woraus die ersten, entscheidenden Schritte in diese Richtung bestehen. Dazu sind Überzeugungskraft, Einflussnahme und strategisches Denken nötig. Ebenso erforderlich ist es, dass das Unternehmen die Unzufriedenheit der Belegschaft wahrnimmt und darauf eingeht, indem Branchentrends, kreative Führungskonzepte, beste betriebliche Praktiken und Mitbewerberanalysen kommuniziert werden, um auf diese Weise den möglichen Änderungsbedarf zu ermitteln. Was für Betriebe gilt, können Sie auch auf andere Lebensbereiche übertragen.

»Alles kommt und geht im beständigen Wechsel – nur aus Getränkeautomaten kommt nie Wechselgeld heraus.«

FREI NACH ROBERT C. GALLAGHER

Die Konfrontation mit dem Wandel

In diesem Buch geht es zwar um Veränderungen, nicht aber um die psychologischen Ansätze und Konzepte der Veränderungstheorie. Unser Abstecher in die Theorie beschränkt sich an dieser Stelle auf einen groben Überblick über die typischen Empfindungen, die die Konfrontation mit dem Wandel bei Individuen auslöst. Nach dem meiner Ansicht nach sehr zutreffenden psychologischen Modell des Wandels von John Fisher* werden bei jedem Veränderungsprozess diverse emotionale Phasen durchlaufen, zu denen unter anderem folgende gehören:

- **Die Phase der Angst und dunklen Vorahnungen** – wenn klar wird, dass etwas auf uns zukommt, das sich unserer Kontrolle oder unserem Verständnis entzieht.

---

* John Fisher stellte sein als »Transition Curve« bekanntes Modell des Wandels erstmals 1999 auf der 10. Internationalen Konferenz zur Psychologie der Persönlichen Konstrukte in Berlin vor. Bei seinen Forschungsarbeiten an der britischen Universität Leicester befasste er sich mit Veränderungsprozessen in Dienstleistungsunternehmen und entwickelte seine konstruktivistische Theorie weiter. Fishers Modell, das überaus treffend die Empfindungen und Bewältigungstaktiken beschreibt, mit denen Individuen auf Veränderungen reagieren, ist sowohl für persönliche Änderungsvorhaben als auch für betriebliche Umstrukturierungs- und Veränderungsprogramme ein wertvolles Instrument, das dabei helfen kann, den Wandel besser zu verkraften; vgl. www.c2d.co.uk/page15.htm.

- **Die Phase der Vorfreude** – wenn klar wird, dass unsere Meinung, unser Wunsch nach Veränderungen oder Verbesserungen von anderen anerkannt und geteilt wird.

- **Die Phase der Furcht** – wenn offensichtlich wird, dass wir unsere gewohnten Verhaltensmuster ändern müssen.

- **Die Phase der Bedrohung** – wenn deutlich wird, dass wir unsere gewohnten Kernverhaltensweisen und unseren Lebens- oder Arbeitsstil radikal verändern müssen.

- **Die Phase der Schuldgefühle** – wenn wir erkennen, dass unsere Selbstwahrnehmung nicht der Realität entspricht oder wir unseren eigenen Ansprüchen nicht genügen und unser Selbstbild neu definieren müssen.

- **Die Phase der Niedergeschlagenheit** – diese Phase zeichnet sich durch einen generellen Motivationsmangel und große Orientierungslosigkeit aus.

- **Die Phase der Desillusionierung** – wenn wir erkennen, dass unsere Werte, Prinzipien und Zielsetzungen nicht mit denen unserer Umwelt oder des Unternehmens übereinstimmen.

- **Die Phase der Feindseligkeit** – in der wir Veränderungen feindselig gegenüberstehen und hartnäckig an alten Gewohnheiten, Verhaltens- oder Arbeitsweisen festhalten, obwohl sie sich als schädlich, ineffizient oder erfolglos erwiesen haben.

- **Die Phase der Ablehnung** – diese Phase ist durch mangelnde Akzeptanzbereitschaft geprägt. Wir lehnen Veränderungen vehement ab und leugnen, dass sie uns als Individuum in irgendeiner Weise betreffen.

So, Schluss mit der Theorie, Sie dürfen sich wieder entspannen.

Sie können sich das Ganze bei Gelegenheit einmal in Ruhe durch den Kopf gehen lassen, aber im Moment reicht es, wenn Sie sich Folgendes merken: Wenn Sie Veränderungen schrittweise umsetzen (und sich dabei von Ihrer Vision leiten lassen), verursacht der Prozess Ihnen weniger Schmerzen, Sorgen und Kosten. Bei schrittweisen Veränderungen verlieren die Widerstände und Gegenargumente ganz von allein an Gewicht.

Vollziehen Sie Veränderungen in kleinen, handhabbaren Schritten.

Nigel trifft eine wichtige Entscheidung

Trotz seiner erfreulichen »Erfolgserlebnisse« in den letzten Tagen macht Nigel nach wie vor Überstunden und hat noch immer viel zu wenig Zeit für sich und seine Familie.

Immerhin hat er aber inzwischen eine Vision und eine klare Vorstellung davon, welche Veränderungen er in den nächsten Wochen und sechs bis zwölf Monaten umsetzen will. Er hat außerdem die Erfahrung gemacht, wie hilfreich es ist, Kollegen um Rat zu bitten. Doch wie soll es nun weitergehen? Nigel steht vor dem klassischen Dilemma: Wie soll er sich in der üblichen Alltagshektik die Zeit verschaffen, um Veränderungen umzusetzen, die ihm Zeit verschaffen sollen? Ist das ein ebenso unauflöslicher Widerspruch wie das Henne-Ei-Problem?

Spontan kommt Nigel ein Witz in den Sinn, in dem die Frage nach dem »was war zuerst da?« gelöst wird:

Frage: Was war zuerst da: die Henne oder das Ei?

Antwort: Das Ei hat die Henne doch nur dafür geschaffen, dass neue Eier gelegt werden.

Das ist einer von Nigels tiefsinnigeren Witzen.

Nigel kennt noch einen anderen Witz über das Henne-Ei-Problem*, aber der ist alles andere als tiefsinnig, weshalb er ihn in feiner Gesellschaft nicht zum Besten geben darf.

---

* Die Lösung dieses uralten Rätsels finden Sie im Anhang. Und falls Sie Nigels anderen Witz hören möchten, geben Sie

Nigel denkt eine Weile über sein Dilemma nach und gelangt zu dem Schluss, dass sich offenbar irgendetwas in ihm gegen die geplanten Veränderungen sträubt. Er liest in seinem Buch noch einmal nach, was es mit den Kosten, Risiken, Unannehmlichkeiten und verborgenen Beweggründen auf sich hat.

»Veränderungen sind immer mit gewissen Unannehmlichkeiten verbunden, doch diese Phase, in der es wehtut, geht auch wieder vorbei. Ein Veränderungsprozess vollzieht sich nie völlig schmerz- und reibungslos, und die negativen Begleiterscheinungen muss man einfach hinnehmen«, heißt es da unter dem Stichwort »Unannehmlichkeiten«.

Nigel beschließt, dass es absolut oberste Priorität hat, seine Arbeitsrückstände aufzuarbeiten. Er wird sich in nächster Zeit davor hüten, Ja zu sagen, um sich nicht noch mehr Arbeit aufzubürden, und bei dem, was er sowieso zu tun hat, gerade nur so viel Aufwand betreiben, dass die Qualität seiner Arbeit nicht leidet. So kann er sein Problem von zwei Seiten anpacken. Seiner Familie erklärt er, dass er die nächsten zwei Wochen noch härter und länger arbeiten wird als bisher, um in einem einmaligen Kraftakt die Wende herbeizuführen. Er weiht seine Frau und seine Kinder in seinen Plan ein und bittet um ihre Hilfe und ihr Verständnis. Außerdem nimmt er sich fest vor, jede einzelne Aufgabe nach unnötig komplizierten und überflüssigen Arbeitsschritten zu untersuchen

---

ihm ein Bier aus und lassen Sie sich ihn hinter vorgehaltener Hand erzählen.

und keine Zeit mit Arbeiten zu verschwenden, die niemand dringend benötigt. Er wird die betreffenden Kollegen einfach informieren, dass er mit der Aufarbeitung seiner Rückstände beschäftigt ist, und auch sie um ihre Unterstützung und ihr Verständnis bitten.

Kurz: Er wird die Zähne zusammenbeißen und die Phase, in der es wehtut, hinter sich bringen. Ohne Schweiß kein Preis!

Der Einfluss der Fünf und die sechs Grade der Trennung

→ **In diesem Abschnitt befassen wir uns damit, wie empfänglich Sie für Beeinflussung sind und was die Freunde und Bekannten aus Ihrem näheren Umfeld oder auch am anderen Ende der Welt für Sie tun können. Wir betrachten Ihr soziales Netzwerk und stellen fest, dass Sie über erstaunlich kurze Wege mit überraschend vielen Menschen verbunden sind.**

Um Veränderungen erfolgreich umzusetzen und – falls Sie schon angefangen haben – keinen »Rückfall« in alte Gewohnheiten zu riskieren, brauchen Sie definitiv Hilfe (die über die Unterstützung und Anleitung hinausgeht, die Ihnen selbst ein so gutes Buch wie dieses zu bieten hat).

Ich möchte Ihnen zwei Ansätze vorstellen, wie Sie sich klarmachen können, inwiefern Ihr Denken und Handeln durch Ihr Umfeld beeinflusst wird – in positiver wie negativer Hinsicht –, und wie Sie sich diese Einflussfaktoren für das Gelingen Ihres Vorhabens zunutze machen können.

Wenn ich auf mein bisheriges Leben zurückblicke, erkenne ich, dass mich in all den Jahren unzählige Menschen stark beeinflusst haben, ohne dass ich es in der damaligen Situation gemerkt habe.

»Man muss kein ›hohes Tier‹ sein, um andere zu beeinflussen. Fakt ist, dass die Menschen, die mich in meinem Leben am stärksten beeinflusst haben, wahrscheinlich gar nicht wissen, wie viel ich von ihnen gelernt habe.«

Scott Adams

Der Einfluss der Fünf

Es heißt, dass jeder Mensch der Durchschnitt der fünf Menschen ist, mit denen er am häufigsten Umgang pflegt.* Wenn nun also auch Sie einer von fünf Menschen sind, mit denen andere engen Kontakt pflegen, ergibt sich daraus eine großartige Gelegenheit, Mitstreiter zu gewinnen, die Sie in Ihrer persönlichen und beruflichen Weiterentwicklung unterstützen. Wenn Sie Ihre Änderungsvorhaben zu jedem (passenden) Zeitpunkt mit der richtigen Portion an Begeisterung vortragen, beeinflussen Sie damit auch diejenigen, die Ihnen zuhören. Dass Begeisterung ansteckend ist, weiß jeder, was man aber gelegentlich vergisst, ist, dass dasselbe auch für fehlende Begeisterung gilt. Es lohnt sich daher, darauf zu achten, positiv zu denken und Optimismus zu verbreiten. Selbst wenn die Zeiten gerade

* »Sie sind der *Durchschnitt* der fünf Menschen, mit denen Sie die meiste Zeit verbringen«, behauptete Jim Rohn, US-amerikanischer Unternehmer, Motivationstrainer, Selbsthilfe-Guru und Autor (1930–2009). Mit der faszinierenden Geschichte seiner »vom Tellerwäscher zum Millionär«-Karriere gelang es ihm auf einmalige Weise, sein Publikum und seine Leser dazu zu motivieren, an ihrer persönlichen Weiterentwicklung zu arbeiten.

einmal nicht so rosig sind, sollten Sie bei der Vorstellung Ihrer Änderungspläne grundsätzlich Folgendes berücksichtigen:

- **Betonen Sie die positiven Aspekte** – denken Sie daran, dass Begeisterung ansteckend ist und die Ansteckungsgefahr steigt, wenn Sie die positiven Aspekte Ihres gemeinsamen Vorhabens herausstellen.

- **Stellen Sie sicher, dass jeder davon profitiert** – hören Sie zu, was andere über Ihre Pläne denken. Finden Sie heraus, ob Ihr Vorhaben an anderer Stelle Probleme bereitet, bei deren Lösung Sie Hilfestellung leisten können.

- **Lassen Sie keinen Zweifel an der Richtigkeit Ihres Vorhabens** – stellen Sie klar, dass die geplanten Veränderungen dem Wohl und den Interessen aller Beteiligten dienen.

Wichtig ist selbstverständlich auch, dass Sie sich nicht auf Ihre Pläne versteifen, sondern offen für Anregungen bleiben und gute Ratschläge auch beherzigen.

Vielleicht betrachten Sie es auch einmal so, dass Sie im Bund Ihrer fünf engsten Kontakte eine Sonderstellung einnehmen. Was ich damit sagen will, ist, dass Sie dem Einfluss anderer durchaus nicht ausgeliefert sind, sondern durch Ihre Geisteshaltung, Ihre Persönlichkeit und Charakterstärke selbst darüber bestimmen, wie leicht Sie zu beeinflussen sind und wie stark Sie andere beeinflussen.

In Anbetracht Ihres Änderungsvorhabens würden Sie nun vielleicht gern Ihre fünf stärksten Einflussnehmer unter die Lupe nehmen. Wer sind diese Menschen? Sind es die besten Reisegefährten auf Ihrem Weg zum Erfolg? Wen könnten Sie zur Unterstützung noch mit an Bord holen?

Machen Sie doch am besten gleich einmal den »Fünfer-Test«:

Frage: Mit welchen fünf Menschen* verbringen Sie momentan die meiste Zeit?

- Welche Charaktereigenschaften zeichnen diese Menschen aus?
- Welche drei Stärken oder Fähigkeiten schätzen Sie besonders an ihnen?
- Wie viel Ihrer Zeit verbringen Sie in etwa mit jedem?

Fertig? Gut, dann kommt die nächste Testfrage:

Frage: Was möchten Sie ändern?

- Wie möchten Sie am liebsten sein?
- Welche Stärken oder Fähigkeiten möchten Sie sich aneignen?
- Wohin soll Ihre Reise führen?

---

* Kinder üben zwar einen erstaunlich starken Einfluss aus, aber mein Tipp ist, sich trotzdem nur auf Erwachsene zu konzentrieren.

Und jetzt fragen Sie sich:

- Entsprechen die fünf Menschen, mit denen Sie den engsten Kontakt pflegen, im Durchschnitt der Idealvorstellung, die Sie von sich selbst haben?

Nur, damit das klar ist: Das soll nicht heißen, dass Sie Ihre fünf engsten Vertrauten kaltherzig abservieren und sich neue Freunde suchen sollen, die Ihren Zwecken besser dienen. Ganz sicher nicht! Ich will damit nur sagen, dass es Ihnen wesentlich leichter fällt, etwas zu verändern, wenn Sie dabei optimal unterstützt werden. Oder andersherum ausgedrückt: Wenn Sie überwiegend von pessimistischen, ängstlichen Menschen umgeben sind, färbt deren negative Ausstrahlung zwangsläufig auf Sie, Ihre Persönlichkeit und Ihren privaten und beruflichen Lebensweg ab.

Eine Testfrage ist noch zu beantworten, besser gesagt zwei, wobei sich die Fragestellungen aber nur geringfügig unterscheiden.

Frage: Welcher Mensch aus Ihrem Bekanntenkreis hat für Sie den größten Vorbildcharakter? Wer verkörpert am ehesten die Person, zu der Sie sich entwickeln möchten?

Frage: Welcher Mensch hat für Sie den größten Vorbildcharakter? Wer verkörpert am ehesten die Person, zu der Sie sich entwickeln möchten? Im Unterschied zur ersten Frage haben Sie bei dieser Fragestellung natürlich eine wesentlich größere Auswahl, da Ihnen Ihr Vorbild nicht persönlich bekannt sein muss. Ob es ein prominenter oder völlig unbekannter Zeitgenosse ist, jemand aus der Nähe oder weiter Ferne oder jemand, der das Zeitliche schon gesegnet hat, spielt überhaupt keine Rolle.

Überlegen Sie nun, ob Sie die Beziehung zu dem großen Vorbild aus Ihrem Bekanntenkreis vertiefen und diese Person in den Kreis Ihrer engsten Fünf aufnehmen können, um von ihrem positiven Einfluss zu profitieren.

Aber wie vertiefen Sie die Beziehung zu einer Person, die Sie nur aus der Ferne bewundern, ohne sie persönlich zu kennen?

Wenn es sich um einen Zeitgenossen handelt, spricht nichts dagegen, Kontakt mit ihm aufzunehmen. Über Kommunikationsplattformen wie Webseiten, Foren oder soziale Netzwerke, über E-Mail, Telefon oder altmodisch per Brief ist heutzutage so gut wie jeder Erdenbürger entweder persönlich oder – im Falle von Prominenten – über einen Agenten oder Ansprechpartner zu erreichen.

Ist die direkte Kontaktaufnahme nicht möglich oder nicht Ihr Ding, suchen Sie eben die geistige Nähe, indem Sie sich intensiv mit den Werken und dem Wirken Ihres Vorbilds befassen. Lesen Sie seine Bücher, Blogs und Artikel, sehen Sie sich Webcasts an, besuchen Sie seine Schulungen oder Vorträge, schalten Sie den Fernseher oder das Radio ein, wenn Interviews mit Ihrem Vorbild gesendet werden. Nutzen Sie alle Möglichkeiten, um den Kontakt auf indirekte Weise zu vertiefen.

Die sechs Grade der Trennung

Ein »Grad der Trennung« bezeichnet innerhalb der sozialen Vernetzung die kürzeste Entfernung zwischen zwei Kontaktpunkten. Von den Menschen, die Sie persönlich kennen, sind Sie einen Grad entfernt, von den Bekannten Ihrer direkten Bekannten zwei Grade und so weiter.* Stellen Sie es sich als ein weltumspannendes Netz vor, in dem Sie über unterschiedlich viele Kontaktpunkte mit allen anderen Menschen verbunden sind.

Ihr persönliches Netzwerk ist das Geflecht der Ihnen bekannten Kontaktpersonen, mit denen Sie abhängig von den geplanten Aktivitäten mehr oder weniger häufig interagieren. »Bekannt« ist nicht mit »befreundet« gleichzusetzen, sondern bedeutet lediglich, dass eine persönliche Verbindung zwischen den Beteiligten besteht, die sich aus einem gemeinsamen Hintergrund oder bestimmten gemeinsamen Interessen ergeben hat.

Private Netzwerke werden zum Nutzen aller Beteiligten geknüpft, um sich auch jenseits des Arbeitsplatzes und über die

---

* Dem Konzept (auch bekannt als das Kleine-Welt-Phänomen) liegt die Vorstellung zugrunde, dass zwischen zwei beliebigen Menschen im Durchschnitt nur sechs Grade der Trennung bestehen. Das heißt, über eine Kette an Bekanntschaftsbeziehungen ist jeder mit jedem über maximal sechs Ecken verbunden. Den Anstoß zu dieser Theorie gab der Schriftsteller Frigyes Karinthy in seinem Roman *Kettenglieder*, zu allgemeiner Bekanntheit gelangte sie mit dem Bühnenstück *Six Degrees of Separation* von John Guare, das unter dem Titel *Das Leben – ein Sechserpack* verfilmt wurde.

unmittelbare Zusammenarbeit mit Kollegen hinaus als eine Art locker verbundenes Team gegenseitig zu unterstützen. Der Begriff »Netzwerk« gehört nach wie vor zum festen Vokabular der Arbeitswelt, doch heutzutage vernetzt man sich zunehmend auch im privaten Bereich, um die unterschiedlichsten Interessen zu verfolgen. Wer sich vernetzt, weitet seine Kontakte über längere Zeiträume beständig aus, wobei es dank moderner Technik heute einfacher denn je ist, in Verbindung zu bleiben, sich auf dem Laufenden zu halten, Informationen zu teilen, miteinander zu kommunizieren und sich weltweit zu vernetzen.*

Es ist durchaus denkbar, dass Sie mit Ihrem Vorbild, das Ihnen bislang unerreichbar und unnahbar erschien, über ein derartiges Netzwerk in Verbindung treten und in den Genuss seines positiven Einflusses gelangen können.

Seitdem ich mich mit dem Auf- und Ausbau meines privaten Netzwerks befasse, habe ich die erfreuliche Erfahrung gemacht, dass die meisten Menschen gern und bereitwillig Hilfestellung leisten. Voraussetzung ist natürlich, dass das Geben und Nehmen wechselseitig erfolgt, das ist die wichtigste Grundregel in Netzwerken. Es verblüfft mich immer wieder, wie schnell und einfach ich mit Menschen in Kontakt treten

* Ich spare mir die Auflistung dieser Plattformen, Sie wissen sicher, von welchen ich rede. Ich bin bei den meisten dieser Foren angemeldet, und wenn Sie möchten, können Sie mich gern kontaktieren. Ich kann Ihnen zwar nicht versprechen, dass ich einen guten Einfluss auf Sie ausübe, aber vielleicht können wir ja gegenseitig von unseren jeweiligen Kontakten profitieren.

kann – zum Beispiel mit anderen Autoren und Vortragsrednern, die ich schon lange bewundert habe – und wie kommunikationsfreudig und hilfsbereit sie sind.

Denken Sie darüber nach, mit wem Sie aus welchem Grund in Verbindung treten möchten, inwiefern diese Personen Sie unterstützen und womit Sie sich revanchieren könnten. Überlegen Sie auch, ob einer Ihrer persönlichen Kontakte eine der sechs Ecken darstellen könnte, über die sich die Verbindung zu Ihrem Wunschkontakt herstellen ließe.

Einflussnehmer

Wenn Sie sich bewusst machen, wer die Menschen sind, die momentan Einfluss auf Sie ausüben, gelangen Sie möglicherweise zu dem Schluss, dass Sie sich in einen anderen Einflussbereich begeben möchten, und verändern Ihr soziales Umfeld, was in gewisser Weise ja auch eine Veränderung in Ihrem Leben darstellt.

Wer sind Ihre Einflussnehmer, und wie gelangen Sie in den Einflussbereich von Menschen, die Sie in Ihrem Vorhaben unterstützen?

Jedes Vorhaben gelingt leichter und schneller, wenn Ihnen wohlwollende Wegbegleiter mit Rat und Tat zur Seite stehen.

Nigel will neue Kontakte knüpfen

Die Aufarbeitung seiner Rückstände hat Nigel letzen Endes sogar etwas mehr als zwei Wochen in Anspruch genommen, doch nun hat er es geschafft und genießt das Gefühl, einen großen Schritt vorangekommen zu sein.

Heute Abend wird er seine Familie als Dankeschön für ihre enorme Unterstützung in ein Steakhaus einladen und mit seiner Frau ganz bestimmt ein oder zwei Gläser Wein genießen. Im Moment aber belohnt er sich selbst mit einer kleinen Auszeit in seinem Stammcafé, schlürft genüsslich einen Cappuccino und schmökert in aller Ruhe in seinem Buch. Der letzte Abschnitt über den Einfluss anderer ist höchst interessant gewesen, und Nigel denkt noch einmal darüber nach, wie sehr ihm der kluge Rat seines Kollegen geholfen hat, dem er von seiner guten Idee erzählt hat. Der positive Einfluss seines Kollegen hat sich für Nigel als überaus hilfreich erwiesen.

Nigel muss unweigerlich lächeln, als ihm ein Witz über guten Einfluss, der sich ins Gegenteil verkehrt, in den Sinn kommt:

Eine ältere Dame klagt einem Priester ihr Leid.

»Vater, ich habe ein Problem. Ich habe zwei wunderschöne Papageienweibchen, die auch sprechen können, aber sie haben leider nur einen einzigen Satz gelernt, den sie immerzu wiederholen.«

»Was sagen sie denn?«, erkundigt sich der Priester.

»Sie sagen den lieben langen Tag nur ›Hallo, wir sind Freudenmädchen, wollen wir ein bisschen Spaß zusammen haben?‹«

»Wie furchtbar«, ruft der Priester entsetzt. »Aber ich weiß, wie wir das Problem lösen. Bringen Sie Ihre Papageienweibchen zu mir. Ich habe zwei Papageienmännchen, denen ich beigebracht habe, zu beten und die Bibel zu lesen. Sie werden Ihren zwei Weibchen diesen lästerlichen Satz schon austreiben und ihnen stattdessen beibringen, den Herrn zu preisen.«

Die ältere Dame ist dem Priester sehr dankbar für dieses Angebot.

Am nächsten Tag bringt sie ihm ihre zwei Papageienweibchen und setzt sie zu den beiden Papageienmännchen in den Käfig, die Rosenkränze in den Krallen halten und eifrig beten.

Die Dame und der Priester beschließen, die vier Papageien eine Weile allein zu lassen, und trinken derweil eine Tasse Tee. Als sie nach einer Stunde nachsehen, ob der gute Einfluss der frommen Papageienmännchen schon Wirkung zeigt, hören sie die Weibchen gerade sagen: »Hallo, wir sind Freudenmädchen, wollen wir ein bisschen Spaß zusammen haben?«

Da schauen sich die beiden Papageienmännchen verblüfft an und das eine sagt zum anderen: »Endlich können wir die Bibeln wegwerfen. Unsere Gebete wurden erhört!«

Nigel hätte beinahe lauthals losgelacht und greift lieber schnell zu seiner Tasse, um noch einen Schluck Cappuccino zu trinken.

Vielleicht sollte er heute Abend einmal darüber nachdenken, von wem er sich beeinflussen lässt, und weiter an seinem Plan tüfteln. Heute Abend? Fehlanzeige! Das muss bis morgen warten, denn der heutige Abend gehört der Familie!

Auf Kurs bleiben

»Ich bin nicht intelligenter als andere, ich denke nur länger über Probleme nach.«

ALBERT EINSTEIN

Wenn es hart auf hart kommt

→ **In diesem Abschnitt sprechen wir offen an, dass es sich im echten Leben nicht vermeiden lässt, den Karren mal an die Wand zu fahren oder neben der Spur zu sein. Das ist aber nicht weiter schlimm, denn auch wenn es hart auf hart kommt*, geht es doch immer irgendwie weiter, wenn man nur weiß, was zu tun ist.**

Der Weg zum Erfolg durch produktives Faulenzen kann streckenweise durch schwieriges Gelände führen.

Was tun, wenn Sie unterwegs schlappmachen?

Trotz reiflicher Überlegung, ausgeklügelter Planung, zielstrebiger Entschlossenheit, praxisorientierten Maßnahmen und übersichtlichen Aufgabenlisten kann es Ihnen passieren, dass

---

* »When the going gets tough, the tough get going« ist eine englische Redewendung, die so viel bedeutet wie »Wenn es hart auf hart kommt, kommen die Harten groß raus« oder, auf den Sport übertragen, »Wenn die Bälle hart geschlagen werden, bleiben die Harten am Ball«. Einige behaupten, der Spruch stamme von Joseph P. Kennedy, dem Vater des ehemaligen US-Präsidenten John F. Kennedy, andere schreiben ihn dem in Norwegen geborenen US-amerikanischen Football-Spieler und Trainer Knute Rockne zu. Es ist zudem der Titel eines Lieds von Billy Ocean aus dem Jahr 1985.

Ihnen unterwegs die Luft ausgeht und Sie in ein Motivationstief, in unproduktive Untätigkeit, Antriebslosigkeit und Zeitschinderei verfallen. Was also ist zu tun, wenn Sie auf halbem Wege schlappmachen und am liebsten einfach liegen bleiben würden?

Nachfolgend zwei Tipps, die Ihnen im Fall eines Aussetzers den nötigen Antrieb verleihen können, um wieder in Fahrt kommen:

1. Lesen Sie das Buch *Eat that frog!* von Brian Tracy (gut geschrieben, enthält viele nützliche Tipps)*. Der Schlüssel zu einem hohen Leistungs- und Produktivitätsniveau besteht darin, es sich zur lebenslangen Gewohnheit zu machen, jeden Morgen zuerst die wichtigste Aufgabe anzugehen.

---

* Falls Sie dazu neigen, Dinge auf die lange Bank zu schieben, und sich ein besseres Zeitmanagement aneignen möchten, kann ich Ihnen *Eat that frog*! von Brian Tracy wärmstens empfehlen, unter dem gleichen Titel auf Deutsch im GABAL Verlag erschienen (*Eat that frog. 21 Wege, um sein Zaudern zu überwinden und in weniger Zeit mehr zu erreichen.* 7. Aufl., Offenbach, GABAL 2012). Der Schlüssel zu einem hohen Leistungs- und Produktivitätsniveau besteht darin, es sich zur lebenslangen Gewohnheit zu machen, jeden Morgen zuerst die wichtigste Aufgabe anzugehen. »Eat the frog« bezieht sich auf ein altes amerikanisches Sprichwort, das sinngemäß besagt: Wenn man jeden Morgen als Erstes einen lebenden Frosch verspeist, kann man mit der beruhigenden Gewissheit durch den Tag gehen, dass man das Schlimmste, das dieser Tag bereithält, schon hinter sich hat. Betrachten Sie die unerfreulichste Aufgabe des Tages als Ihren »Frosch«, und bringen Sie das Schlimmste zuerst hinter sich.

2. Machen Sie etwas völlig anderes, etwas, das Ihnen Spaß macht und Sie von ganz allein in Schwung bringt. Vielleicht sind Sie ja nur deshalb so unmotiviert, weil die Arbeit, die Sie zu tun haben, Ihnen langweilig und öde erscheint. In diesem Fall hilft es oft, sich interessanteren Aufgaben zuzuwenden. Überlegen Sie, welche anderen, ebenfalls wichtigen, aber deutlich erfreulicheren Aufgaben Sie vorziehen können. Der langweilige Job ist in diesem Fall zwar nur aufgeschoben und nicht aufgehoben, aber in der Zwischenzeit sind Sie dank spannenderer Alternativen hoch motiviert bei der Sache. So verschaffen Sie sich den notwendigen Energieschub, um anschließend die triste Arbeit erfolgreich zu bewältigen – die Ihnen jetzt vielleicht sogar Spaß macht. Letztendlich ist alles nur eine Frage der Motivation.

Ich selbst habe auch schon öfter mal »schlappgemacht« und mein Motivationstief dadurch überwunden, dass ich mich interessanteren Aufgaben widmete. Was ich immer wieder erstaunlich fand, ist, dass sich die Erledigung der Alternativaufgaben dann oft schon bald als sehr praktisch erwies. Warum das so ist, weiß ich nicht genau. Mag sein, dass man sowieso immer genau die Dinge erledigt, die einem als wichtig und dringend im Hinterkopf herumspuken, oder dass man unbewusst auf Erfahrungswerte zurückgreift – wahrscheinlich spielt beides eine Rolle. Aber was es auch sein mag, ich habe jedenfalls die Erfahrung gemacht, dass sich die Dinge, die ich unerfreulichen Aufgaben vorziehe, um mir zu einem Motivationsschub zu verhelfen, so gut wie immer als hilfreich und praktisch erweisen.

Das richtige Maß finden

Vielleicht fragen Sie sich auch, wie viele verschiedene Aufgaben Sie sich gleichzeitig zumuten können oder müssen. Halten wir zuerst einmal fest: »Singletasking« ist keine realistische Option (auch nicht für Männer). Wenn wir außer Ein- und Ausatmen zu keiner weiteren Aktivität fähig wären, wären auf einen Schlag ziemlich viele Dinge überflüssig – unter anderem Selbsthilfebücher.

Die Frage lautet vielmehr, welche Vorgehensweise die besten Ergebnisse liefert.

Wie zutreffend das Motto »Eile mit Weile« ist, haben wir bereits besprochen. Wer sich zu stark unter Zeitdruck setzt, läuft Gefahr, sich die doppelte und dreifache Arbeit zu machen, weil ihm Fehler unterlaufen, die Korrekturen und Nacharbeiten erforderlich machen.

Ebenso haben wir die 80:20-Regel kennengelernt, die besagt, dass nur 20 Prozent Ihrer Tätigkeiten relevant sind, da diese bereits 80 Prozent der von Ihnen erwarteten Arbeitsergebnisse liefern. Demnach ist es durchaus sinnvoll, sich ab und zu nur auf die Tätigkeiten zu konzentrieren, auf die es wirklich ankommt. Das stellt meiner Ansicht nach einen Fall von Singletasking dar, der absolut akzeptabel und vertretbar ist. Es darf natürlich kein Dauerzustand werden, aber wenn etwas extrem Wichtiges zu tun ist, verdient es Ihre ungeteilte Aufmerksamkeit.

Von diesen Ausnahmen abgesehen, ist definitiv Multitasking angesagt. Dabei ist jedoch zu bedenken, dass es trotz der offensichtlichen Vorteile gelegentlich auch ziemlich anstrengend sein kann. Je mehr Aufgaben Sie übernehmen, umso breiter müssen Sie Ihre Arbeitskraft auffächern, was dazu führt, dass das Gesetz der sinkenden Erträge Ihren Aufwand zunehmend unrentabler werden lässt.

Bei mir ist es zum Beispiel so, dass ich immer produktiver und effizienter werde, je mehr ich – in vertretbarem Umfang – zu tun habe, aber je länger oder detaillierter ich mich mit einer einzelnen Aufgabe befassen muss, umso unproduktiver und ineffizienter werde ich. Ich erledige meine Aufgaben daher in Intervallen, das heißt, stückweise und abwechselnd, mache mal dieses, mal jenes und nähere mich dem Endergebnis in kleinen Schritten. Diese Vorgehensweise hat sich für mich in zweierlei Hinsicht bewährt. Zum einem bleibe ich so frisch, munter, aufmerksam und konzentriert bei der Sache, und zum anderen kann ich in kleinen »Aufwandseinheiten« ausprobieren, wie sich Arbeitsergebnisse oder Problemlösungen optimieren lassen. Wenn etwas nicht so funktioniert, wie ich es mir vorstelle, kann ich voller Zuversicht und in der Gewissheit, nicht übermäßig viel Zeit vergeudet zu haben, einen anderen Ansatz verfolgen.

»Nicht jeder Tag ist gut, aber jeder Tag hat auch immer etwas Gutes an sich.«

UNBEKANNT

Nigel verpasst sich einen Motivationskick

In letzter Zeit ist doch alles so gut gelaufen. Nigel hat es geschafft, sein Arbeitspensum zu reduzieren, indem er neuerdings häufiger einmal Nein sagt, und das, was er zu tun hat, geht ihm inzwischen schneller und leichter von der Hand. Er hat sein soziales Umfeld betrachtet und sich klargemacht, welchen Einflüssen er sich aussetzen will, bestehende Bekanntschaften vertieft und mittlerweile auch über größere räumliche Entfernungen neue Kontakte geknüpft.

Und dann hat er den Karren plötzlich an die Wand gefahren und ist neben die Spur geraten. Das ist ihm früher zwar auch schon des Öfteren passiert, aber dieses Mal ist der Aufprall schmerzhafter als sonst – vielleicht, weil er geglaubt hat, das Steuer nun endlich fest im Griff zu haben.

Höchste Zeit, in *Erfolgsstrategien für Faulenzer* noch einmal die Tipps in dem Abschnitt »Auf Kurs bleiben« nachzulesen. Einer der Tipps lautet, gleich morgens einen Frosch zu essen, doch zum Glück gibt es auch noch einige andere vielversprechende Tipps, wie sich seine momentane »Panne« beheben lässt.

Lächelnd klappt Nigel das Buch zu, steht auf und entschwindet. Nach einer halben Stunde kehrt er noch immer lächelnd an seinen Arbeitsplatz zurück. Zufrieden lässt er seinen Blick aus dem Fenster und über sein Auto schweifen, das blitzblank poliert in der Sonne glänzt, die sich in einer kleinen Pfütze mit Resten von Seifenschaum spiegelt. Erfrischt von der kleinen Auszeit und erfreut darüber, dass er etwas für sich – und nur für sich – getan hat, geht Nigel in die Kaffeeküche, schaltet den Wasserkocher ein und grübelt erneut über die knifflige Aufgabe nach, die ihn kurzzeitig aus der Bahn geworfen hat. Er ist so in das Polieren seines Autos vertieft gewesen und hat dabei auch noch laut Musik gehört, dass er sein Problem für eine Zeit lang völlig vergessen hat.

Dafür ist ihm beim Autopolieren aber ein Witz eingefallen:

Eine ältere Dame will ihr Auto gerade auf einen soeben frei gewordenen Parkplatz lenken, als sie von einem jungen Mann in einem roten Sportflitzer mit quietschenden Reifen überholt wird, der ihr den Platz vor der Nase wegschnappt. Verärgert steigt die Dame aus dem Auto und stellt den jungen Kerl zur Rede: »Sie haben doch gesehen, dass ich hier parken wollte! Warum haben Sie das getan?«

Der junge Kerl steigt ebenfalls aus, mustert sie verächtlich von oben bis unten und sagt: »Tja, so was kann man sich eben leisten, wenn man jung und clever ist.«

Das bringt die ältere Dame erst recht in Rage. Wutentbrannt steigt sie in ihr Auto, fährt ein Stück zurück, tritt das Gaspedal durch und rammt dann mit voller Wucht den Sportflitzer des jungen Mannes.

Schockiert kehrt der junge Mann im Laufschritt zurück und brüllt die Dame an: »Sind Sie verrückt? Warum haben Sie das gemacht?«

»Tja, so was kann man sich eben leisten, wenn man alt und reich ist«, entgegnet sie lächelnd.

Wie gut, wenn man immer weiß, wo die eigenen Stärken und Schwächen liegen, denkt Nigel immer noch lächelnd.

Als das Wasser kocht, schießt Nigel plötzlich ein Gedanke durch den Kopf, der ihn dazu motiviert, sein kniffliges Problem anzupacken.

Ziel

Sie haben Ihr Ziel erreicht

→ **Wohin die Reise führen soll, wissen Sie selbst am besten, je nachdem, welchen Verbesserungs- oder Änderungsbedarf Sie am Anfang dieses Buchs erkannt haben.**

Haben Sie Ihr Ziel erreicht?

Haben Sie sich überhaupt schon auf den Weg gemacht?

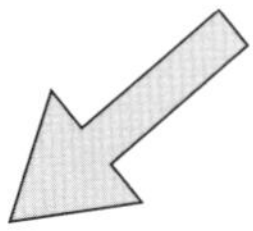

Sie befinden sich hier

Erinnern Sie sich noch, dass ich meinte, Sie könnten dieses Buch als Navigationssystem betrachten, das Sie durch Ihren Veränderungsprozess leitet?

Ich bin seit einigen Jahren auch stolzer Besitzer eines »Navis«. Mein Saab ist zu alt, als dass ein Navigationssystem eingebaut wäre, daher habe ich mir eins dieser mobilen Geräte zugelegt, das man an der Windschutzscheibe befestigt und über den Zigarettenanzünder mit Strom versorgt. Der Stand der Kartendatenbank ist von 2006, also nicht gerade aktuell, ich weiß, aber was soll's?

Ich finde es bequem und beruhigend, mit einem Navigationssystem zu fahren. Es gefällt mir, mich von einer Co-Pilotin herumdirigieren zu lassen, die immer die Ruhe bewahrt und mir klare, sachliche Anweisungen gibt. Gut finde ich auch, dass ich auf dem Display immer genau sehen kann, wo ich mich gerade befinde.

Für mein Navi habe ich die Stimme von »Carol« gewählt, daher ist *es* für mich eine *sie*. Meine Frau dagegen hat sich aus für mich nicht nachvollziehbaren Gründen für die Stimme von »Ken« entschieden, der mit einem australischen Akzent spricht. Jeder nach seiner Façon.

Das sicherste Rezept, eine Beziehungskrise zu provozieren, bestand vor der Erfindung des Navigationssystems darin, dem Partner auf dem Beifahrersitz die Straßenkarte in die Hand zu drücken, damit er dem Partner am Steuer sagen konnte, wo es lang ging. Fahrer und Beifahrer vertraten üblicherweise unvereinbare Ansichten darüber, wie groß der Informationsbedarf des Fahrers tatsächlich war, wie frühzeitig und wie genau die Anweisungen zu erfolgen hatten und so weiter. Eine harmlose Autofahrt zu einer neuen Adresse, an der man sich zu einem geselligen Beisammensein mit der Verwandtschaft verabredet hatte oder zu der man den Sprössling brachte, weil dort der neue Spielkamerad wohnte, konnte potenziell in einem Streit enden, der in die bis dato harmonische Ehe einschlug wie eine Bombe und in einer Scheidung mündete.

Mit einem Navigationssystem ist das alles viel einfacher. Wenn ich mich hinters Steuer setze, will »Carol« von mir nur wissen, wohin es gehen soll, und bietet mir unterschiedlich lange Routen an. Wenn ich mich entschieden habe, führt sie ein paar

Berechnungen durch und unterteilt die Route selbstständig in kleine Etappen. Und schon kann es losgehen. Was ich an »Carol« besonders schätze, ist, wie sie sich verhält, wenn sie sich einmal irrt (manchmal weiß ich es einfach besser als sie und ihr Freund, der Satellit). Wenn ich ihre freundliche Anweisung, an der nächsten Kreuzung abzubiegen, ignoriere und geradeaus weiterfahre, gibt sie mir mit einem schlichten »Neuberechnung im Gang« zu verstehen, dass sie meine überlegene Intelligenz anerkennt. Sie mag nicht unfehlbar sein, aber sie ist lernfähig und berechnet die Route einfach neu. »Ken« macht das genauso, habe ich mir sagen lassen.

Im Gegensatz dazu konnte es mir bei meiner menschlichen Co-Pilotin passieren, drei Wochen lang mit eisigem Schweigen bestraft zu werden, wenn ich sie dezent darauf hingewiesen hatte, dass die Anweisung, hier scharf nach links abzubiegen, ein klein wenig früher hätte kommen müssen als 25 Meter vor der Kreuzung.

Für mich besteht kein Zweifel daran, dass man sich auf dem Weg von A nach B am besten von einem besonnenen, sicheren Führer leiten lassen sollte.

Anweisungen blind zu befolgen, hat keinerlei Lerneffekt.

So sehr mich mein Navigationssystem auch begeistert, hat es doch einen großen Nachteil. Wenn ich blind den Anweisungen folge, um von A nach B zu kommen, brauche ich »Carol«

auch das zweite und dritte Mal auf dem Weg von A nach B, weil ich mir die Strecke nicht eingeprägt habe.

Wenn ich nie auf meinen Weg achte und die Strecke nicht auch einmal selbstständig zurücklege, werde ich immer auf Führung und Anleitung angewiesen sein.

Das an dieser Stelle Entscheidende für Sie ist, sich aus diesem Buch die für Sie wichtigen und hilfreichen Lektionen herauszusuchen, sie zu verinnerlichen und das Gelernte selbstständig umzusetzen. Was zählt, sind einzig die Veränderungen, die Sie als wichtig erachten. Sie bestimmen, wie Ihre Reiseroute verlaufen soll, um Sie in privater und beruflicher Hinsicht an Ihr persönliches Wunschziel zu führen. Passen Sie die Erfolgsstrategien in diesem Buch Ihren persönlichen Bedürfnissen an und verwirklichen Sie Ihren Traum, auf produktive Weise zu faulenzen und dabei auf der Gewinnerseite zu stehen.

Schnellübersicht für Faulenzer

→ **Um Ihnen die Anwendung der Erfolgsstrategien für Faulenzer so leicht wie möglich zu machen, selbst dem produktiven Faulenzen zu frönen und Sie nach Kräften dazu zu ermuntern, es ihm gleichzutun, fasst der Autor nun das Wichtigste noch einmal zusammen.**

Ich versuche immer, alles so einfach wie möglich zu machen, und ich hoffe, es ist mir auch mit diesem Buch gelungen. Als kleine Gedächtnisstütze (und übersichtliche Hilfestellung auf Ihrem Weg zu produktivem Faulenzen) fasse ich für Sie noch einmal die wichtigsten Schritte zusammen, um Ihnen die Anstrengung zu ersparen, in den entsprechenden Kapiteln danach zu blättern – noch bequemer kann ich Ihnen das Faulenzen wirklich nicht machen.

Wenn Sie sich erst einmal über Ihre Ziele im Klaren sind und Ihre Route festgelegt haben, können Sie die Zusammenfassung als Orientierungshilfe nutzen.

So eine Schnellübersicht ist immer praktisch.*

* Falls Sie jemand danach fragen sollte: Dieses Kapitel kann separat bei mir bestellt werden (kostet aber genauso viel wie das ganze Buch!).

Denken Sie immer an die wichtigen Fragen

Möchte ich diese Aufgabe überhaupt übernehmen? Und wenn ja, ist es notwendig, dass ich das tue?

- Tun Sie nichts, nur weil es alle anderen tun oder es »eben so üblich« ist.
- Fragen Sie sich: »Ist es notwendig?« und »Bringt es etwas?«
- Lautet Ihre Antwort beide Male »Nein«, lehnen Sie den Job ab.

Lohnt das voraussichtliche Ergebnis die Mühe?

- Konzentrieren Sie sich auf die Tätigkeiten, mit denen Sie die größte Wirkung erzielen.
- Investieren Sie Ihre kostbare und begrenzte Zeit in die Tätigkeiten, die Ihnen ein optimales Kosten-Nutzen-Verhältnis bieten.

Muss ich es unbedingt selbst erledigen?

- Sind Sie die am besten qualifizierte Person für die Aufgabe, die es zu erledigen gilt?
- Gibt es in Ihrem Umfeld jemanden, der besser qualifiziert ist als Sie?

- Wenn es ein anderer besser kann als Sie selbst, sollten Sie dieser Person die Chance geben, ihr Können unter Beweis zu stellen.

Wie komme ich am schnellsten und einfachsten zum Ziel, wenn ich mich selbst darum kümmern muss?

- Halten Sie sich nicht mit überflüssigen Feinheiten auf. Sparen Sie sich die Mühe, Ihre Präsentation farblich perfekt abzustimmen und mit bewegten Bildern zu animieren, wenn eine simple Grafik in Schwarz-Weiß den Zweck genauso gut erfüllt.

- Tun Sie, was notwendig ist, um ordentliche Arbeit abzuliefern, aber bitte nicht mehr.

- Was nicht notwendig ist, braucht Sie nicht zu interessieren.

Wann genau ist die Ziellinie erreicht, und ab wann vergeude ich nur meine Zeit?

- Lassen sich Arbeitsschritte oder Zwischenergebnisse an anderer Stelle wieder verwenden?

- Liefert Ihre Arbeit ein Ergebnis, das über den »einmaligen« Verwendungszweck hinausgeht?

- Wenn ja, skalieren Sie es, um den Lohn für Ihren Aufwand zu optimieren.

Überlegen, planen, Prioritäten setzen, sich auf das Ziel konzentrieren

Wenn es notwendig ist und Ihren Interessen dient, eine Aufgabe zu übernehmen, lauten die wichtigen Fragen:

- Gibt es Schritte oder Teilbereiche, die automatisierbar, skalierbar oder vielseitig einsetzbar sind?
- Lässt sich irgendetwas vereinfachen oder abkürzen?
- Ist es eilig oder können Sie sich Zeit lassen? Wird das Ergebnis Ihrer Arbeit unbedingt zu dem vorgegebenen Termin benötigt? Müssen Sie Kollegen zuarbeiten, die in Verzug geraten, wenn Sie nicht termingerecht liefern?

Den Balanceakt zwischen Zu- und Absagen meistern

In manchen Fällen ist ein »Nein« die einzig richtige Antwort auf eine Anfrage.

- Es ist alles eine Frage der Ausgewogenheit und der Prioritäten. Im Großen und Ganzen geht es darum, dass Sie sich die Zeit für die wirklich wichtigen Dinge und einen Spielraum für sonstige Angelegenheiten verschaffen.
- Wenn Sie zu allem Ja und Amen sagen, werden Sie Ihrem Zeitplan permanent hinterherhinken und sich ständig mit unwichtigen Dingen befassen müssen.

In anderen Fällen ist ein »Ja« die einzig richtige Antwort.

- Die 20 Prozent Ihrer Tätigkeiten, auf die es ankommt, verdienen Ihre volle Aufmerksamkeit.

- Denken Sie daran, dass Sie ein »Ja« auch um ein »aber erst wenn ich Zeit habe« ergänzen können.

- Können Sie vielleicht noch bessere Ergebnisse liefern, wenn die Angelegenheit warten kann?

Verschaffen Sie sich freie Kapazitäten

Eine 100-prozentige Auslastung ist zu vermeiden.

Halten Sie sich mindestens 20 Prozent Ihrer Kapazitäten frei, um

- Handlungsspielraum bei unerwarteten Problemen, Krisensituationen oder anderen dringenden Angelegenheiten zu haben und
- Chancen ergreifen zu können, die sich überraschend eröffnen.

Machen Sie jetzt den Flexibilitätstest und wiederholen Sie ihn in einigen Wochen, um festzustellen, wie viel Spielraum Sie sich bis dahin verschaffen konnten.

Ermitteln Sie die effizienteste Vorgehensweise

- Wie gelangen Sie am schnellsten und einfachsten ans Ziel?
- Wann genau ist die Ziellinie erreicht, und ab wann vergeuden Sie Zeit?
- Überlegen Sie sich bei jedem neuen Job oder Projekt, an welchem Punkt der »Sweet Spot« erreicht ist. Betreiben Sie nicht mehr Aufwand hinsichtlich Planung, Ressourcenzuteilung und Detailgenauigkeit, als erforderlich ist, um ordentliche Arbeit abzuliefern.

Ersparen Sie sich Nachbesserungsarbeiten

Betreiben Sie keinen unnötigen Aufwand, aber werden Sie auch nicht nachlässig. Leisten Sie gleich im ersten Durchgang saubere, fehlerfreie Arbeit.

Nachbesserungsarbeiten, um Fehler auszubügeln, die sich beim ersten Durchgang eingeschlichen haben, sind zeitraubend, bedeuten den doppelten Aufwand und sind somit immer kontraproduktiv.

Gehen Sie überlegt, zielstrebig und effizient ans Werk.

Setzen Sie sich guten Einflüssen aus

Helfen Sie Ihrem Erfolg auf die Sprünge, indem Sie sich mit Menschen umgeben, die einen guten Einfluss auf Sie ausüben.

- Machen Sie sich bewusst, wer die fünf Personen sind, mit denen Sie am häufigsten zu tun haben, und nehmen Sie auch selbst Einfluss auf Ihre Einflussgeber.

- Erweitern Sie Ihr persönliches Netzwerk um neue Kontakte jenseits Ihres engeren Bekanntenkreises.

- Zeigen Sie sich Ihren Kontakten gegenüber hilfsbereit und entgegenkommend. – Geben und Nehmen lautet die Devise.*

Kleine Aussetzer sind kein Grund zur Panik

Nur keine Panik, wenn Sie einmal aus der Bahn geworfen werden und sich völlig neben der Spur fühlen.

- Lenken Sie sich mit etwas völlig anderem ab. Tanken Sie neue Kraft und Energie und packen Sie dann die Aufgabe an, über die Sie gestolpert sind.

* Sie könnten zum Beispiel einige Exemplare dieses Buchs verschenken, um schon mal etwas »gegeben« zu haben.

- Unterteilen Sie Ihre Aufgaben in kurze, aber intensive Einheiten und widmen Sie sich Ihren Tätigkeiten im Wechsel. Abwechslung ist das beste Rezept gegen Langeweile, Ermüdung und Konzentrationsprobleme.

Was immer Sie auch tun, um sich abzulenken und zu motivieren, wird sich später als nützlich und praktisch erweisen – es ist doch alles immer zu irgendetwas gut.

Wie ging das Ganze für Nigel aus?

Nigel findet, dass er innerhalb weniger Wochen schon ziemlich weit gekommen ist.

Allein dadurch, dass ihm jemand seine Situation vor Augen geführt hat – buchstäblich schwarz auf weiß –, hat er erkannt, inwiefern er selbst Verbesserungen umsetzen und sich die Arbeit leichter und angenehmer machen kann. Die einzelnen Schritte und Tipps sind nicht nur erstaunlich leicht zu befolgen gewesen, sie haben Nigel nach jeder Lektion auch immer ein kleines, aber wichtiges Erfolgserlebnis beschert.

Um auf Erfolgskurs zu bleiben und nicht wieder in alte Gewohnheiten zu verfallen, kopiert sich Nigel die Gedächtnisstütze für Faulenzer und hängt sie in seinem Büro auf. Seine Kollegen haben ihn seitdem mehr als einmal auf das Thema angesprochen, und da Nigel nun auf der Gewinnerseite steht und sich fleißig im produktiven Faulenzen übt, unterhält er sich mit seinen Besuchern gern und ausgiebig darüber.

Nigel hat – wie könnte es anders sein? – auch einen Witz zu dem Thema Erfolg parat:

Ein junger Mann träumt vom schnellen Erfolg und wendet sich ratsuchend an einen älteren Herrn, der rundum erfolgreich und glücklich ist:

»Was ist das Geheimnis Ihres Erfolgs?«

»Zwei Wörter«, lautet die Antwort des Älteren.

»Wie lauten sie?«, fragt der Jüngere neugierig.

»Richtige Entscheidungen.«

Eifrig notiert sich der junge Mann diesen Tipp und fragt dann:

»Wie treffen Sie die richtigen Entscheidungen?«

»Das lässt sich mit einem Wort sagen.«

»Und das lautet?«, will der Jüngere wissen.

»Erfahrung.«

Auch das notiert sich der junge Mann, bevor er die nächste Frage stellt:

»Und wie konnten Sie so viel Erfahrung sammeln?«

»Dafür genügen wieder zwei Wörter«, antwortet der Ältere lächelnd.

»Und die wären?«

»Falsche Entscheidungen.«

Nigel hat noch nie verstehen können, weshalb manche Leute seinen Sinn für Humor höchst befremdlich finden. Vielleicht gibt es ja irgendein Selbsthilfebuch, das ihm in der Hinsicht weiterhelfen kann.* Noch besser wäre ein Selbsthilfebuch, das er humorlosen Zeitgenossen empfehlen könnte.

Etwas anderes hat Nigel aber verstanden: Es hat sich nur deshalb alles so gut für ihn entwickeln können, weil er seiner Unzufriedenheit auf den Grund gegangen ist und sich ge-

---

* Ein Buchtitel wie *So kommen Sie zu mehr Geld, mehr Sex, einem langen, glücklichen Leben und einer großen Portion Humor* wäre vielleicht sogar für das Selbsthilfe-Genre ein bisschen zu dick aufgetragen, oder?

nau überlegt hat, welche Veränderungen tatsächlich Abhilfe und Besserung versprechen. Veränderungen, deren Sinn und Zweck nicht klar definiert sind, sind die Mühe nicht wert, sie umzusetzen. Nigel hat daran geglaubt, dass sich die Erfolgsstrategien für Faulenzer für ihn bewähren würden, und seine Zuversicht wurde belohnt. In kleinen, leicht zu bewältigenden Schritten kann er auf diesem Weg seine persönlichen Erfolgsziele erreichen.

Als Nigel sich daran erinnert, was ihn auf diesen Weg geführt hat, fällt ihm eine lustige Geschichte über die Vergeblichkeit so mancher radikaler Änderungsvorhaben ein*:

Während seines Urlaubs am Meer steht ein Mann auf dem Bootssteg eines Fischerdörfchens und sieht interessiert einem Fischer zu, der mit einigen stattlichen Zackenbarschen im Boot anlegt.

Der Mann beglückwünscht den Fischer zu seinem Fang und fragt, wie lange er brauchte, um so schöne Fische zu fangen.

»Ach, nicht so lange«, antwortet der Fischer.

Wenn es nicht viel Zeit kostet, warum bleibt der Fischer dann nicht etwas länger auf See und fängt mehr Fische, will der Mann wissen.

Der Fischer erklärt ihm, dass er nur so viel fängt, um sich und seine Familie ernähren zu können.

Diese Vorstellung scheint dem Mann völlig fremd zu sein, denn schon bohrt er weiter nach: »Wie verbringen Sie denn die restliche Zeit des Tages, wenn Sie jetzt schon mit der Arbeit aufhören?«

---

* Frei nach Heinrich Böll: »Anekdote zur Senkung der Arbeitsmoral«. Die Geschichte gibt es in zahlreichen Varianten.

»Ach wissen Sie, damit habe ich überhaupt kein Problem. Ich schlafe jeden Tag aus, dann gehe ich ein bisschen fischen, danach spiele ich mit meinen Kindern, nach dem Essen machen meine Frau und ich ein Mittagsschläfchen und abends gehe ich ins Dorf, trinke Rum und spiele mit meinen Freunden Gitarre. Ich bin den ganzen Tag mit irgendetwas beschäftigt und sehr zufrieden mit meinem Leben«, entgegnet der Fischer.

Kopfschüttelnd belehrt ihn darauf der Tourist: »Wenn Sie effizienter und strukturierter vorgehen und Ihr Leben von Grund auf ändern, können Sie doch viel mehr erreichen. Ich habe das studiert und könnte Ihnen helfen. Wollen Sie meinen Rat hören?«

Der Fischer blickt den Mann verwundert an und nickt.

»Zuerst einmal müssen Sie länger arbeiten, mehr Fische fangen und mehr verdienen, bis Sie sich ein größeres Boot leisten können. Mit dem größeren Boot vergrößern sich Ihr Fang und Ihr Gewinn weiter, sodass Sie sich zusätzliche Boote kaufen können, bis Sie eine ganze Fischfangflotte besitzen. Als Nächstes verkaufen Sie Ihren Fang direkt an die Fischfabrik anstatt an einen Zwischenhändler. Dadurch vergrößert sich Ihre Gewinnspanne, und schon bald werden Sie Ihre eigene Fischfabrik eröffnen können, in der Sie ganz alleine über die Produkte, Herstellungsverfahren und Vertriebswege entscheiden. Sie müssten natürlich Ihr Dorf verlassen und in die Stadt ziehen, um Ihr expandierendes Fischimperium zu leiten«, erklärt der Mann im Brustton der Überzeugung.

»Wie lange würde das denn alles dauern?«, will der Fischer wissen.

»Ach, in 15 bis 20 Jahren dürfte das zu bewerkstelligen sein«, schätzt der Mann.

»Und was mache ich dann?«, fragt der Fischer.

Der Mann lacht, denn jetzt kommt das Beste: »Sie passen den richtigen Moment ab, an dem Sie den größten Gewinn mit dem Verkauf Ihres Unternehmens erzielen, dann Sie sind auf einen Schlag Multimillionär.«

»Multimillionär? Na so was! Und was mache ich dann?«

Der Mann überlegt eine Weile angestrengt, bevor er antwortet: »Dann setzen Sie sich zur Ruhe, ziehen in ein kleines Fischerdorf, können jeden Tag ausschlafen, ein bisschen fischen gehen, danach mit Ihren Enkelkindern spielen, nach dem Essen mit Ihrer Frau ein Mittagsschläfchen halten und abends ins Dorf gehen, Rum trinken und mit Ihren Freunden Gitarre spielen.«

Der Fischer grinst den Mann fröhlich an und geht mit seinem Fang nach Hause.

Der Mann bleibt noch eine ganze Weile alleine auf dem Bootssteg stehen und blickt nachdenklich aufs Meer hinaus.

Dieser Witz gefällt Nigel besonders gut. Leise in sich hineinlachend packt er *Erfolgsstrategien für Faulenzer* in seine Schreibtischschublade und steht auf, um nach Hause zu gehen. Feierabend!

Beim Hinausgehen fällt sein Blick auf ein neues Schild, das er sich für seinen Arbeitsplatz gekauft hat. Darauf steht: »Den Fortschritt bringen nie die Frühaufsteher, sondern die Bequemen, die Faulen, die nach Mitteln und Wegen suchen, sich das Leben zu vereinfachen.«*

---

* Besser lässt sich meiner Ansicht nach nicht auf den Punkt bringen, weshalb produktives Faulenzen Erfolg und Fortschritt mit sich bringt. Ich freue mich, dass Nigel derselben Ansicht ist (und das Konzept im Alltag umsetzt).

»Wer immer tut, was er schon kann, bleibt immer das, was er schon ist.«

UNBEKANNT

Schlussgedanke

→ Es war einmal ein kleiner Vogel, der ein nettes, aber auch furchtbar faules Kerlchen war.

Jeden Morgen mussten ihn die anderen Vögel mehrere Male energisch anpfeifen, bevor er sich endlich aus seinem warmen Nest bequemte. Mit seinen Aufgaben war der kleine Vogel ständig im Verzug, weil er prinzipiell alles so lange hinausschob, wie es nur irgend ging. Seine Familie und seine Freunde schimpften deshalb häufig mit ihm: »Sei doch nicht so faul! Schiebe nicht immer alles bis zum letzten Moment hinaus!«

»Ich brauche eben einfach ein bisschen länger, bis ich meine Sachen fertig habe, das macht doch nichts«, lautete die übliche Antwort des kleinen Vogels.

Unbeschwert genossen die Vögel die warmen Sommermonate. Als der Herbst kam und es merklich kühler wurde, bereiteten sie sich auf den Flug in wärmere Gefilde vor. Nur der kleine, faule Vogel verdrängte den Gedanken an die Reise ins Winterquartier. Wie es nun einmal seine Art war, schob er die Vorbereitungen so lange hinaus, bis es zu spät war! Denn eines Tages erwachte er und stellte fest, dass sein Schwarm ohne ihn abgeflogen war.

Wie jeden Morgen hatten ihn seine Freunde zwar geweckt, doch er hatte schlaftrunken abgewehrt und geantwortet, er würde heute ein bisschen später aufstehen. Dann war er wieder fest eingeschlafen. Dummerweise war heute der Tag des Abflugs, und jeder Vogel des Schwarms kannte die Regeln: Alle mussten pünktlich abflugbereit sein. Wenn sich Tausende von Vögeln auf die Reise machten, wurde keine Rücksicht auf Langschläfer genommen. Allein konnte der kleine Vogel die lange Reise in den Süden nicht bewältigen, und es wurde ihm klar, dass er nun den Preis für seine Faulheit bezahlen musste: Er würde den langen, kalten Winter über einsam und ganz auf sich allein gestellt sein.

Er weinte eine Zeit lang bitterlich, doch letztlich gestand er sich ein, dass er sich selbst in diese Notlage gebracht hatte. Wenn er nur wollte, konnte er sehr fleißig sein, also raffte er sich auf und machte sich geschäftig an die Vorbereitungen für den Winter. Einige Tage verbrachte er mit der Suche nach einem neuen Schlafplatz, an dem er besser vor Frost und Schnee geschützt war. Nachdem er einen geeigneten Platz zwischen Felsbrocken gefunden hatte, baute er sich aus Zweigen, kleinen Steinchen und Laub ein neues Nest. Anschließend sammelte er unermüdlich Früchte und Beeren, um sich genügend Futtervorräte für den Winter zuzulegen, und zu guter Letzt scharrte er in seinem neuen Heim eine kleine Grube, in der sich Trinkwasser sammeln konnte. Nachdem er mit der Ausstattung seines neuen Zuhauses restlos zufrieden war, schränkte er seine Futterrationen nach und nach ein, damit ihm sein Wintervorrat auch über die Zeit der heftigen Schneestürme ausreichte.

Dank dieser Vorbereitungen überlebte der kleine Vogel tatsächlich den Winter, auch wenn man es ihm vielleicht nicht zugetraut hätte. Leicht war es natürlich nicht für ihn. Er fror erbärmlich und litt Hunger, und es verging kein Tag, an dem er es nicht bereute, früher so faul gewesen zu sein. Als endlich der Frühling und mit ihm seine Freunde zurückkamen, waren alle sehr glücklich, aber auch sehr überrascht, dass er den Winter überstanden hatte. Sie konnten es kaum glauben, dass sich der größte Faulpelz des Schwarms ein so wunderbares Nest gebaut hatte. Als die anderen Vögel feststellten, dass sich der faule Vogel zu dem fleißigsten des ganzen Schwarms gemausert hatte, beschlossen sie einstimmig, ihm die Leitung der Reisevorbereitungen für den nächsten Flug in den Süden zu übertragen.

Als der Sommer sich erneut dem Ende zuneigte, waren die Vorbereitungen so frühzeitig abgeschlossen, dass den Vögeln sogar noch die Zeit blieb, sich ein neues Wecklied auszudenken. Am Tag der Abreise stimmten sie es gemeinsam an, damit nie wieder ein kleiner Vogel – und sei er noch so faul – den langen, harten Winter einsam und auf sich allein gestellt überstehen musste.

Aus seinem schlimmen Fehler hatte der kleine Vogel gelernt, dass sich nur derjenige ungestraft »auf die faule Haut legen« und ein unbeschwertes und schönes Leben führen kann, der auf »produktive« Weise faulenzt, das heißt, sich ordentlich vorbereitet, gut organisiert und auf das konzentriert, was er tun muss.

Haben Sie gelegentlich die Ruhe und Muße, dem Gezwitscher der Vögel zu lauschen?

Mehr

Anhang

→ **Der all das enthält, was ich in den vorherigen Kapiteln nicht mehr untergebracht habe. Sie müssen den Anhang nicht lesen, können es aber, wenn Sie Lust auf mehr haben.**

Waren es nun fünf oder sechs Fragen?

Das war der Abschnitt mit dem Zitat von Dirty Harry beziehungsweise Clint Eastwood, erinnern Sie sich? Ich weiß zwar nicht, ob Sie Wert darauf legen oder es überhaupt noch wissen, aber bin Ihnen noch eine Erklärung schuldig. Ich hatte Sie gebeten, alle Fragen wahrheitsgemäß zu beantworten und dann geschrieben: »… höchstwahrscheinlich wissen Sie gerade nicht, ob es sechs oder nur fünf Fragen waren. Ehrlich gesagt habe ich vor lauter Aufregung auch den Überblick verloren. Da dies aber ein Buch über die effizienteste Arbeitsweise der Welt ist – produktives Faulenzen –, beantworten Sie sich einfach die eine alles entscheidende Frage, die Ihr Leben möglicherweise völlig auf den Kopf stellen wird: ›Bin ich glücklich?‹ Und? Sind Sie's? Nun machen Sie schon, lieber Leser, versüßen Sie mir den Tag … Oder besser gesagt, versüßen Sie sich Ihren Tag und alle, die noch folgen, indem Sie sich eine bessere Arbeitsweise aneignen und die Erfolgsstrategien des produktiven Faulenzens erlernen.«

Es waren (behaupte ich jedenfalls) sechs Fragen.

Die fünf wichtigen Schlüsselfragen:

- Möchte ich *Erfolgsstrategien für Faulenzer* wirklich lesen? Ist es notwendig, dass ich das tue?
- Lohnt die Lektüre von *Erfolgsstrategien für Faulenzer* die Mühe?
- Muss ich *Erfolgsstrategien für Faulenzer* unbedingt selbst lesen?
- Wie komme ich am schnellsten und einfachsten zum Ziel, wenn ich *Erfolgsstrategien für Faulenzer* selbst lese?
- Wann genau ist die Ziellinie erreicht, und ab wann vergeude ich nur meine Zeit?

Und dann habe ich Sie gefragt: »Wie lautet Ihre Entscheidung?« Sie können also ganz beruhigt sein, werter Leser, es war nur eine Trickfrage meinerseits.

Wozu die vielen Fußnoten?

Einerseits bin ich der Ansicht, dass zu viele Einzelheiten und Zusatzinformationen den Lesefluss eines Buchs unterbrechen und den Leser nur von dem sachlichen Inhalt ablenken, über den er sich ja gerade informieren möchte.

Andererseits gehöre ich aber zu den Menschen, die gern wissen wollen, von wem ein Zitat, ein Lied oder eine Bezeichnung stammt oder in welchem Zusammenhang ich von diesem oder jenem schon einmal gehört habe.

Um beiden Ansprüchen gerecht zu werden, habe ich mich für Fußnoten entschieden. Wenn Sie sich ganz auf die Erfolgsstrategien für Faulenzer konzentrieren möchten, ignorieren Sie die Fußnoten einfach, und wenn Sie doch irgendwann etwas über den Kontext erfahren möchten, stehen die Fußnoten ... nun ja, bei Fuß.

Erfolgreich aus Bequemlichkeit

Time Enough for Love (deutscher Titel: *Die Leben des Lazarus Long*) ist der Titel eines 1973 erschienenen Science-Fiction-Romans des US-amerikanischen Schriftstellers Robert A. Heinlein. In seinem Erscheinungsjahr wurde der Roman für den Nebula Award in der Kategorie Bester Roman nominiert, 1974 für den Hugo Award und den Locus Award, beides ebenfalls Auszeichnungen, die im Science-Fiction- und Fantasy-Genre verliehen werden.

In dem Roman werden mehrere Lebensabschnitte des Lazarus Long geschildert, der eigentlich auf den Namen Woodrow Wilson Smith getauft wurde und mit weit über 2000 Jahren der älteste lebende Mensch auf Erden ist. Die erste Hälfte des Romans besteht aus diversen Erzählungen, in denen Lazarus einzelne Ereignisse seines langen Lebens schildert. Wie aus der Rahmenhandlung hervorgeht, ist Lazarus seines langen Lebens müde und überdrüssig geworden, erklärt sich aber bereit, so lange weiterzuleben, solange jemand seinen Erzählungen lauscht (was an 1001 Nacht erinnert, nur dass Scheherazade leben und Lazarus sterben will).

Eine von Lazarus' Erzählungen handelt von einem Jungen, der alles dafür tut, um dem harten Leben auf dem elterlichen Bauernhof zu entfliehen. Er tritt als einfacher Soldat der Armee bei, legt unglaublichen Fleiß und strikte Disziplin an den Tag und wird erst zum Offizier und schließlich zum Admiral befördert – und all die Anstrengung nur, um kein Maultier von hinten sehen zu müssen. Er macht alles auf Anhieb richtig (denn schließlich ist es viel anstrengender, Fehler zu korrigieren, als sie von vornherein zu vermeiden). Er bemüht sich stets um die effizienteste Herangehensweise, ganz gleich, ob es darum geht, ein Flugzeug zu fliegen oder Frauen aufzureißen. Alles in allem ist diese Romanfigur für mich der Inbegriff des »produktiven Faulenzers«, der schon aus Gründen der Bequemlichkeit erfolgreich ist.

Maslow

Die Hierarchie der Bedürfnisse nach Maslow wird üblicherweise als Pyramide dargestellt, auf deren unterster Stufe die lebenswichtigen Grundbedürfnisse stehen, während der Wunsch nach Selbstverwirklichung die Spitze der Pyramide bildet*.

Die grundlegenden Bedürfnisse der unteren vier Ebenen – körperliche Grundbedürfnisse, Sicherheit, Freundschaft und Liebe, Wertschätzung – bezeichnete Maslow als Defizitbedürfnisse. Werden die Defizitbedürfnisse der zweiten, dritten und vierten

* Vgl. http://en.wikipedia.org/wiki/Maslow%27s_hierarchy_of_needs.

Stufe nicht befriedigt, fühlt sich der Mensch ängstlich, nervös und angespannt und die Psyche leidet. Nach Maslows Theorie müssen zuerst die lebenswichtigen körperlichen Grundbedürfnisse befriedigt sein, bevor der Mensch danach strebt (sich dazu motiviert fühlt), die Bedürfnisse der höheren Stufen zu befriedigen. Maslow prägte außerdem die Begriffe »Metamotivation« und »Metabedürfnis«, um die über die Befriedigung der Grundbedürfnisse hinausgehende Motivation nach kontinuierlicher, persönlicher Weiterentwicklung zu beschreiben. Wer »metamotiviert« ist, hat seine Defizitbedürfnisse befriedigt und wendet sich seinen Wachstumsbedürfnissen zu.

Physiologische (körperliche) Bedürfnisse

Die physiologischen Bedürfnisse erklären sich größtenteils von selbst – sie sind im wahrsten Sinn des Wortes existenziell. Werden sie nicht befriedigt, setzen die Körperfunktionen aus.

Luft, Wasser und Nahrung sind lebenswichtige Grundvoraussetzungen für die Stoffwechselvorgänge jedes Lebewesens, also auch des Menschen. Kleidung und Unterkunft bieten Schutz vor den Elementen. Der stark ausgeprägte menschliche Sexualtrieb ist weniger der Notwendigkeit hoher Geburtenraten zum Fortbestand der Spezies geschuldet, sondern mehr dem ausgeprägten Konkurrenzverhalten um den geeigneten Partner.

Sicherheitsbedürfnisse

Sind die physiologischen Grundbedürfnisse befriedigt, gewinnen die Sicherheitsbedürfnisse zunehmend an Bedeutung und steuern die menschlichen Verhaltensweisen. Diese Bedürfnisse beziehen sich auf den Wunsch nach geregelten Verhältnissen, vorhersehbaren Entwicklungen, nach einer Welt, in der Recht und Ordnung herrschen und möglichst wenig Platz für Unbekanntes und Ungewohntes ist. Im Arbeitsleben wird diesen Sicherheitsbedürfnissen mit Beschäftigungssicherheit, Kündigungsschutz, Schutz vor ungerechter Behandlung durch Vorgesetzte, Sparkonten, Versicherungspolicen, behindertengerechten Einrichtungen und so weiter Rechnung getragen.

Die Sicherheitsbedürfnisse umfassen:

- Persönliche Sicherheit
- Finanzielle Sicherheit
- Gesundheit und Wohlergehen
- Absicherung gegen Unfälle und Krankheiten und deren Folgeschäden

Liebes- und Zugehörigkeitsbedürfnisse

Nach den körperlichen Grundbedürfnissen und dem Bedürfnis nach Sicherheit treten die sozialen Bedürfnisse der dritten Stufe in den Vordergrund, die von dem Wunsch nach Geborgenheit und Zugehörigkeit geprägt sind. Die Bedürfnisse dieser Stufe der Maslow'schen Pyramide beziehen sich auf die üblichen zwischenmenschlichen Beziehungen, zum Beispiel:

- Freundschaften
- Intimbeziehungen
- Familienbande

Menschen sehnen sich danach, von anderen akzeptiert zu werden, Anschluss zu finden und sich einer sozialen Gruppe zugehörig zu fühlen. Das Gefühl der Zugehörigkeit kann eine Gruppe mit vielen Mitgliedern vermitteln – ein Klub, die Mitarbeiter eines Unternehmens, eine Glaubensgemeinde, ein Berufsverband, eine Sportmannschaft, eine Clique –, ebenso aber auch eine enge Beziehung zu Familienangehörigen, dem Lebensgefährten, einem Mentor, zu befreundeten Arbeitskollegen oder Vertrauenspersonen. Jeder will Liebe empfangen und geben (in sexueller und platonischer Hinsicht). Werden diese Bedürfnisse vernachlässigt oder nicht befriedigt, besteht das Risiko der Vereinsamung, was viele Menschen anfällig für soziale Phobien und Depressionen werden lässt. Bei starkem Gruppenzwang kann das Bedürfnis nach Anerkennung und Zugehörigkeit sogar einen höheren Stellenwert einnehmen als die Bedürfnisse der ersten und zweiten Stufe.

Wertschätzungs- und Geltungsbedürfnisse

Jeder Mensch will Achtung vor sich selbst empfinden können und Wertschätzung und Respekt durch andere erfahren. Wie der Wunsch nach Zugehörigkeit ist auch der Wunsch, von anderen geschätzt und akzeptiert zu werden, ein ganz normales menschliches Bedürfnis. Jeder Mensch braucht etwas, für das er sich engagieren kann, braucht eine oder mehrere Tätigkeiten beruflicher oder privater Natur, um an Ansehen, Selbstachtung und Respekt zu gewinnen und das Gefühl zu haben, einen wertvollen Beitrag zu leisten. Defizite auf dieser Stufe können zu mangelndem Selbstwertgefühl und Minderwertigkeitskomplexen führen.

Menschen mit einem geringen Selbstwertgefühl sehnen sich besonders nach Anerkennung und Respekt, manche träumen vielleicht auch von Ruhm und Ehre. So oder so ist die Befriedigung dieser Bedürfnisse von anderen abhängig. Berühmt zu sein und respektiert zu werden, gleicht den Mangel an Selbstwertgefühl jedoch normalerweise nicht aus, wenn es dem Betreffenden nicht gelingt, sich erst einmal selbst so zu akzeptieren, wie er ist. Auch psychische Probleme wie beispielsweise Depressionen können verhindern, dass man sich selbst akzeptiert und die Wertschätzung anderer annehmen kann.

Das Bedürfnis nach einem gesunden Selbstvertrauen und Selbstachtung ist bei den meisten Menschen stark ausgeprägt. Innerhalb dieser Hierarchiestufe trifft Maslow eine Unterscheidung nach Wert, wobei er das Streben nach Selbstachtung, mentaler und körperlicher Stärke, Kompetenz und herausragendem Können, Selbstvertrauen, Unabhängigkeit und Freiheit als von inneren Werten und Erfahrungen abhängig und als höherwertig betrachtet als das Streben nach Respekt, Status und Anerkennung, Ruhm, Prestige und Aufmerksamkeit. Defizite in der erstgenannten Stufe können dazu führen, dass der Mensch sich hilflos und schwach fühlt und unter einem Minderwertigkeitskomplex leidet.

Auch wenn das Streben nach Höherem nicht mit der Befriedigung der Grundbedürfnisse gleichzusetzen ist, gibt Maslow zu bedenken, dass beides nicht getrennt voneinander, sondern im Zusammenhang zu betrachten ist. Das bedeutet, dass die Stufe der Wertschätzung wie auch die fünfte und höchste Stufe streng genommen keine separaten Stufen darstellen, sondern in enger Wechselbeziehung mit den vorherigen Stufen stehen.

Bedürfnis nach Selbstverwirklichung

Maslows Überzeugung, dass jeder Mensch zu dem werden kann und sollte, der er ist, bildet die Grundlage für das Bedürfnis nach Selbstverwirklichung. Diese Hierarchiestufe bezieht sich auf das in einem Menschen steckende Potenzial und dessen Entfaltung. Maslow beschreibt dieses Bedürfnis als Wunsch, immer wieder über die eigenen Grenzen hinauszuwachsen, um sein gesamtes Potenzial auszuschöpfen, alle Talente zu entfalten und sich selbst zu verwirklichen. So allgemein gehalten diese Definition auch ist, bedeutet Selbstverwirklichung für ein Individuum immer etwas sehr Spezielles. Die einen gehen völlig in ihrer Rolle als Mutter oder Vater auf, bei anderen findet das Bedürfnis nach Selbstverwirklichung in sportlichen, künstlerischen oder innovativen Leistungen Ausdruck. Wie bereits gesagt, müssen die Bedürfnisse der vorherigen Hierarchiestufen jedoch restlos und nachhaltig befriedigt sein, bevor der Mensch den Drang nach Selbstverwirklichung verspürt und sich daran macht, sein Potenzial zu entfalten. Maslow erweiterte sein Pyramidenmodell später um die sechste Stufe der Transzendenz.

Die Weisheit des Faulenzens

→ **Einfach nur faulenzen kann jeder. Sie müssen besser faulenzen als andere, und das heißt, intelligenter faulenzen.**

Voraussetzung für produktives Faulenzen ist die unschlagbar wirkungsvolle Kombination aus Bequemlichkeit und Intelligenz, die eine geradezu magische Wirkung entfaltet. Intelligente Faulenzer sind ihren Mitmenschen um Nasenlängen voraus und bestens dazu geeignet, Führungsrollen zu übernehmen.

Dies ist eine seit vielen Jahrzehnten bekannte Theorie, die sich in vielen Fällen und auf bisweilen interessante Weise als zutreffend erwiesen hat. Eines der bekanntesten Beispiele stellt die preußische Armee dar.

Helmuth Karl Bernhard Graf von Moltke (26. Oktober 1800 bis 24. April 1891) war ein preußischer Generalfeldmarschall. Er gilt als einer der genialsten Strategen seiner Zeit und erfand eine neue, fortschrittliche Methode, um die Streitkräfte auf dem Schlachtfeld zu befehligen.

1857 wurde Helmuth von Moltke zum Chef des Generalstabs der preußischen Armee befördert und hatte diese Position über 30 Jahre lang inne. Unmittelbar nach seiner Beförderung machte er sich daran, die strategischen und taktischen Methoden der preußischen Armee zu modernisieren, und setzte Veränderungsprozesse in Gang, die die Bewaffnung, die Kommunikationsmittel, die Ausbildung der Stabsoffiziere und die Mobilmachung des Heeres betrafen. Zudem ließ er die politischen Verhältnisse im damaligen Europa untersuchen und plante auch gleich die in diesem Zusammenhang vielleicht schon bald notwendigen militärischen Offensiven. Kurzum: Im Nu hatte er alle Maßnahmen umgesetzt, die einen modernen Generalstab auszeichnen.

Moltke klassifizierte die Offiziere seines Korps nach einer einfachen und doch genialen Methode, die noch heute im Militär verwendet wird und sich auch in Unternehmen als Entscheidungshilfe für die Besetzung der unterschiedlichsten Führungspositionen eignet.

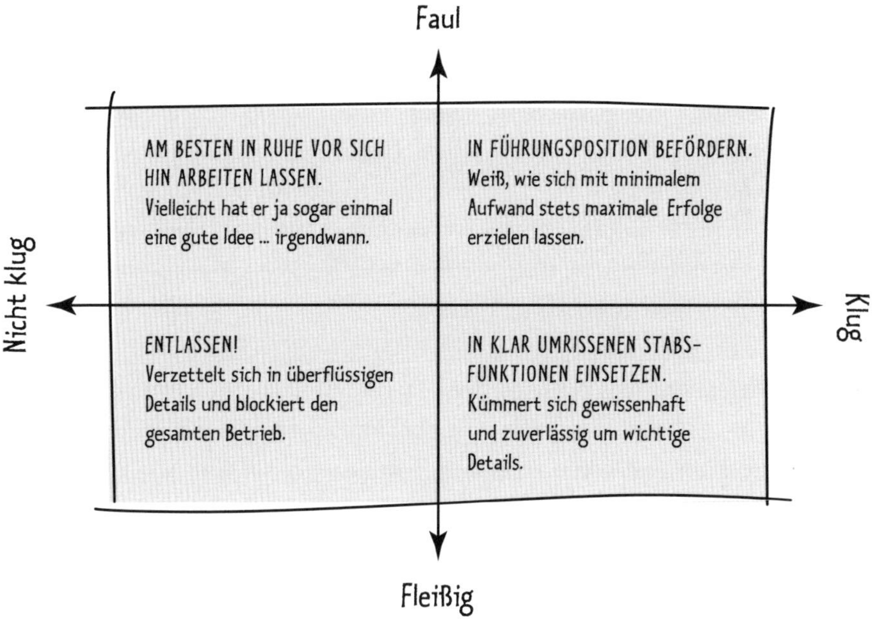

Die oben beschriebenen vier Menschentypen ergeben sich aus der Kombination der individuellen Charaktermerkmale, die einmal den physischen Bereich mit fleißig oder faul und einmal den intellektuellen Bereich mit klug oder nicht klug (ja, ich drücke mich politisch ganz korrekt aus) abdecken.

Generalfeldmarschall von Moltke teilte alle Offiziere seines Korps gemäß ihren geistigen und körperlichen Eigenschaften in diese vier Kategorien ein. Sein Korps bestand demzufolge aus den folgenden Typen (bei deren Bezeichnung der Generalstabschef der preußischen Armee im 19. Jahrhundert keine Rücksicht auf politische Korrektheit nehmen musste): Typ A: geistig stumpf und körperlich träge; Typ B: geistig klar und körperlich dynamisch; Typ C: geistig stumpf und körperlich kräftig; Typ D: geistig klar und körperlich faul.

Offiziere des Typs A, die als geistig stumpf und körperlich träge galten, erhielten einfache Routineaufgaben ohne große Herausforderungen zugeteilt. Damit waren sie bereits auf dem Höhepunkt ihrer militärischen Laufbahn angelangt. Man konnte sie getrost vor sich hinarbeiten lassen, weil sie sowieso nichts Schlimmes anstellen konnten. Und es bestand sogar eine kleine Chance, dass der eine oder andere vielleicht doch einmal einen Geistesblitz hatte.

Offiziere des Typs B, die geistig Klaren und körperlich Dynamischen, galten als zwanghaft penibel und zu detailversessen, um gute Führungskräfte zu sein. Sie konnten zwar auf Beförderung hoffen, stiegen aber niemals in die höheren Dienstgrade des Generalstabs auf. Offiziere des Typs B waren bestens dazu geeignet, die ordnungsgemäße Ausführung von Befehlen sicherzustellen und sich gewissenhaft um die Erledigung kleiner, aber wichtiger Details zu kümmern.

Offiziere des Typs C, die geistig stumpf und körperlich kräftig waren, hielt Moltke für potenziell gefährlich. Seiner Ansicht nach mussten sie permanent beaufsichtigt werden, was zu viel Zeit und Geld kostete und von wichtigen Dingen ablenkte. Offiziere des Typs C konnten schneller Unruhe stiften, als andere für Ruhe und Ordnung sorgen konnten, und wurden deshalb aus der Armee entlassen – Ende der militärischen Laufbahn.

Und somit wären wir bei den **Offizieren des Typs D**. Die geistig Klaren und körperlich Faulen waren nach Moltkes Ansicht nicht nur geeignet, sondern vielmehr dazu berufen, die höchsten militärischen Ränge zu besetzen. Diese Offiziere waren klug genug, um zu erkennen, was getan werden musste, gleichzeitig aber auch faul genug, um aus eigenem Interesse immer den leichtesten und einfachsten Weg ans Ziel zu finden. Oder positiv formuliert: Sie wussten genau, wie sich mit minimalem Aufwand maximaler Erfolg erzielen lässt.

> **»Wann immer es eine schwierige Aufgabe zu meistern gilt, übertrage ich sie einem Faulenzer, denn er wird mit Sicherheit eine ganz einfache Möglichkeit finden, sie zu bewältigen.«*** Walter Chrysler

---

* Frei nach Walter Chrysler (1875–1940): »Whenever there is a hard job to be done I assign it to a lazy man; he is sure to find an easy way of doing it.«

Intelligente Faulenzer sind ihren Mitmenschen also tatsächlich um Nasenlängen voraus und bestens dazu geeignet, Führungsrollen zu übernehmen.

Es grenzt an Zauberei, wenn eins plus eins mehr ergibt als zwei.

Was kommt dabei heraus, wenn man eine der sieben Todsünden – Trägheit – mit der Komponente kreuzt, die die Ressourcennutzung beschleunigt (die gute alte Produktivität)?

- **faul** Adjektiv (fauler, am faulsten)

1. Jemand, der **faul** ist, hat keine Lust zu arbeiten oder sich anzustrengen.
   – Das Unternehmen leidet unter **faulen**, inkompetenten Mitarbeitern.
   – Ich war zu **faul**, um Noten lesen zu lernen.

- **Faulheit** Substantiv
   – Das aktuelle Arbeitsrecht wird geändert, damit Engagement belohnt und Faulheit bestraft werden kann.

2. Mit **faul** sowie sinnverwandten Wörtern wie **gemütlich, bequem, träge, langsam** und so weiter kann aber auch ausgedrückt werden, dass man einer Tätigkeit entspannt und ohne Hektik nachgeht.
   – Ihr neuester Roman ist genau die richtige Urlaubslektüre für einen **faulen** Tag im Liegestuhl.

– Bevor wir uns an den Strand legen, essen wir noch **gemütlich** zu Mittag.
– Zurück in der Küche, dehnte und streckte sich Lisa **träge.**

3. **Träge** im Sinne von langsam muss nicht unbedingt etwas Negatives bedeuten, sondern kann auch eine ruhige, sanfte Bewegung beschreiben.
   – Zu beiden Seiten des **träge** dahin fließenden Bachs erstreckt sich hügeliges Farmland.
   – Zwischen Altstadt und Neubaugebiet fließt **träge** plätschernd der Fluss.

Faulheit – Trägheit: Apathie und Untätigkeit, das Gegenteil dessen, was man unter einer Tugend versteht (und daher eine der sieben Todsünden).

Die Begriffe **faulenzen, faul sein, Faulheit** und dergleichen werden überwiegend im negativen Sinn verwendet oder bestenfalls vielleicht dazu, um auszudrücken, dass es sich jemand so bequem wie möglich macht.

Produktivität dagegen ist immer positiv besetzt: Sie drückt das Arbeits- oder Produktionsergebnis innerhalb einer bestimmten Zeitspanne aus. Die Produktivität eines Menschen wird daran gemessen, wie gut er in der Lage ist, die in seiner Arbeitsbeschreibung vorgegebene Anzahl von Produkten, Leistungen oder sonstigen Resultaten abzuliefern.

Produktivität ist gut, auf intelligente Weise faul zu sein, ist auch gut, und beides zusammen ergibt »produktives Faulenzen«.

Oder anders ausgedrückt: Beides zusammen ergibt für jede beliebige Einbringungsmenge (Input) die größtmögliche Ausbringungsmenge (Output), wobei natürlich auch darauf geachtet wird, die Einbringungsmenge möglichst gering zu halten. Oder noch anders ausgedrückt: Als produktiver Faulenzer holen Sie mit minimalem Einsatz das Beste für sich heraus.

In diesem Dschungel(buch) tanzt der Bär

→ **Schubidu: Lassen Sie sich von einem großartigen Charakterdarsteller inspirieren.**

Kennen Sie die Szene aus dem *Dschungelbuch*, einem der großartigen Zeichentrickfilme der Disney-Studios*, in der

---

* Am 18. Oktober 1967 wurde der von den Walt-Disney-Studios produzierte Zeichentrickfilm *Das Dschungelbuch* erstmals ausgestrahlt. Es war der 19. Zeichentrickfilm der Studios und der letzte, der von Walt Disney selbst produziert wurde. Disney verstarb noch während der Produktion. Der Film basiert auf den Dschungelbuch-Geschichten von Rudyard Kipling über den kleinen Jungen Mogli, der im Dschungel bei einer Wolfsfamilie aufwächst. Der Zeichentrickfilm zählt zu den beliebtesten Disney-Produktionen und enthält neben dem Lied »Probier's mal mit Gemütlichkeit« noch einige weitere Klassiker, zum Beispiel »Ich wär so gern wie Du«. Die meisten Lieder stammen aus der Feder von Richard M. Sherman und Robert B. Sherman.

Balu der Bär dem kleinen Mogli ein Lied vorsingt, um dessen Sorgen zu vertreiben?

In dem Lied rät Balu dazu, sich auf die wirklich wichtigen Dinge des Lebens zu konzentrieren, sich zu entspannen und es mit Ruhe und Gemütlichkeit zu probieren, anstatt nach Dingen zu streben, die der Mühe nicht wert sind oder die man nicht haben kann. Kurzum: Balu versucht Mogli zu erklären, dass er sich das Leben sehr viel leichter machen kann, wenn er die gute alte 80:20-Regel beherzigt.

Für mich ist das Lied »Probier's mal mit Gemütlichkeit« eindeutig das passende musikalische Motto für produktives Faulenzen. Lesen Sie sich bei Gelegenheit unbedingt einmal den Songtext durch. Machen Sie sich einen gemütlichen Abend auf der Couch, schauen Sie sich den Film noch einmal an und schwelgen Sie in Kindheitserinnerungen. Und lassen Sie sich vom Bären Balu erklären, weshalb Sie es mit Ruhe und Gemütlichkeit probieren sollten: Denn mit Gemütlichkeit kommt auch das Glück zu Ihnen.

Schubidubibesser kann man produktives Faulenzen wirklich nicht erklären.

Henne oder Ei?

Wieder einmal ist es der Wissenschaft gelungen, eine Frage zu beantworten, die der Menschheit seit Urzeiten Kopfzerbrechen bereitet: Was war zuerst da, die Henne oder das Ei?

Im Zuge eines gemeinsamen Forschungsprojekts der Universitäten Sheffield und Warwick lieferte ein Supercomputer dem Team die Antwort: Es war die Henne.

Die Lösung des Henne-Ei-Problems war purer Zufall, denn der ursprüngliche Forschungsauftrag lautete, mehr darüber in Erfahrung zu bringen, wie eine Eierschale überhaupt entsteht. Das Huhn wird gemeinhin unterschätzt, denn niemand macht sich bewusst, welche Leistung so ein Huhn vollbringt, wenn es ein Ei produziert. Wer denkt beim Anblick eines Frühstückseis schon daran, dass seine Schale Härte und Leichtgewichtigkeit in einzigartiger Weise vereint. Der Mensch ist weit davon entfernt, ein annähernd so stabiles und gleichzeitig so leichtes Material herzustellen.

Das Problem war nur, dass man schlichtweg keine Ahnung hatte, wie das Huhn die Eierschale bildet. Die Schalenbildung ist ein sehr komplexer Prozess, der für ein Huhn das Natürlichste auf der Welt ist, für den Menschen aber ein Rätsel war. Von der Lösung dieses Rätsels versprach man sich wichtige Erkenntnisse für die Werkstofftechnik.

Um herauszufinden, wie eine Eierschale entsteht, beschlossen die Wissenschaftler, den Entstehungsprozess in allen Einzelheiten zu untersuchen. Dazu fütterten sie HECToR (steht für High End Computing Terascale Resource), den Supercomputer der Universität Edinburgh, mit allen »Zutaten«, die einem Huhn zur Bildung der Eierschale zur Verfügung stehen, und überließen alles Weitere dem Computer.

Was die Henne mehr oder weniger im Schlaf zustande bringt, hielt HECToR viele Wochen auf Trab, dann spuckte er das Ergebnis aus.

Verantwortlich für die Bildung der Eierschale ist ein bestimmtes Protein, das der Kalkhülle in mikroskopisch winzigen Abschnitten und Folgeschritten Struktur und Festigkeit verleiht, den Wachstumsprozess initiiert und beschleunigt. Ohne dieses Protein könnte keine Eierschale entstehen und somit auch kein Ei, das Protein findet sich jedoch nur in den Eierstöcken der Henne.

Somit steht fest: Die Henne muss zwangsläufig vor dem Ei da gewesen sein.

Nächste Frage: Woher kam das Küken, das sich zu der Henne entwickelte, die das erste Ei legte?

Womit wir wieder bei den Dinosauriern wären.*

Die sechs Grade der Trennung

Die früher hauptsächlich unter Akademikern und Philosophen als interessante Theorie diskutierte Vorstellung, dass wir alle erstaunlich eng miteinander in Verbindung stehen, nimmt in zunehmendem Maß Einfluss auf die gesellschaftlichen Ge-

* Wer *Projektmanagement für Faulenzer* gelesen hat (ebenfalls bei GABAL erschienen), weiß, wie ich jetzt auf Dinosaurier komme.

pflogenheiten der Interaktion und Kontaktpflege. Aufgrund der beständigen Fortschritte in der Kommunikationstechnologie – insbesondere der innovativen Möglichkeiten, die das Internet zu bieten hat – gewinnen soziale Netzwerke und das Kleine-Welt-Phänomen immer größere Bedeutung. Auch die Berichterstattung in den Medien trägt dazu bei, dass das Kleine-Welt-Phänomen und die sechs Grade der Trennung heutzutage Begriffe sind, mit denen nahezu jeder etwas anfangen kann*.

Wie alles begann

1990 schrieb der US-amerikanische Bühnenautor John Guare das Theaterstück *Six Degrees of Separation*, das 1993 verfilmt wurde und als sein bekanntestes Werk gilt.

Die Vorstellung, dass sich über fünf Kontaktpersonen eine Verbindung zwischen zwei beliebigen Menschen herstellen lässt, stammt aus diesem Stück.

In einer Szene sinniert einer der Charaktere darüber nach, irgendwo einmal gelesen zu haben, dass zwischen zwei beliebigen Menschen nur sechs Grade der Trennung bestünden und sich somit auch eine Verbindung zwischen dem Präsidenten der Vereinigten Staaten und einem Gondoliere in Venedig herstellen ließe. Das sei einerseits eine sehr beruhigende Vorstel-

---

* Vgl. http://en/wikipedia.org/wiki/Six_degrees_of_separation.

lung, andererseits aber sei es so quälend wie eine chinesische Wasserfolter, genau die Menschen zu finden, über die sich die Kontaktkette knüpfen ließe ... Dennoch sei er mit jedem anderen Menschen auf dieser Erde über sechs Ecken verbunden.

In Interviews gab Guare freimütig zu, er hätte die Idee zu den sechs Graden der Trennung von dem Italiener Guglielmo Marconi übernommen. Doch obwohl das Konzept schon seit einigen Jahrzehnten bekannt war, wurden die sechs Grade der Trennung erst durch Guares Stück zu einem geläufigen Begriff, und nach Guare bedienten sich viele weitere Drehbuch- und Romanautoren der Vorstellung, dass jeder mit jedem über ein paar Ecken in Verbindung steht.

Die sogenannte Bacon-Zahl (KBZ), benannt nach dem Schauspieler Kevin Bacon, veranschaulicht zum Beispiel, wie eng das Netz zwischen Filmschauspielern geknüpft ist. Ausgehend von Kevin Bacon, dem die Bacon-Zahl 0 zugewiesen ist, erhält jeder Schauspieler, der mit ihm gemeinsam vor der Kamera stand, die Bacon-Zahl 1, ein Schauspieler, der mit einem dieser Kollegen, aber nicht direkt mit Bacon einen Film drehte, die Bacon-Zahl 2 und so weiter.

Von der Theorie zur Praxis

SixDegrees.com war das erste große soziale Netzwerk im Internet, das von 1997 bis 2001 betrieben wurde. Hier konnten registrierte Nutzer erstmals ihre Freunde, Familienmitglieder und Bekannten als Kontakte verwalten, sich Nachrichten schicken, sich mit Kontakten ersten, zweiten und dritten Grades über elektronische Pinnwände austauschen und nachvollziehen, über wie viele – oder wenige – Kontakte sie mit allen anderen Nutzern in Verbindung standen. Zu seinen besten Zeiten hatte SixDegrees.com rund eine Million registrierte Nutzer.

Für die Plattform Facebook entwickelte Karl Bunyan eine Anwendung namens »Six Degrees«, um die Grade der Trennung zwischen den Nutzern zu berechnen. Mehr als 5,8 Millionen Facebook-Nutzer beteiligten sich an dem Versuch, der erbrachte, dass im Durchschnitt jeder mit jedem über 5,73 Ecken in Verbindung stand, wobei die größte Entfernung zwischen zwei Nutzern 12 Grade der Trennung betrug.

Wie in einem Artikel nachzulesen ist, wurde ein ähnlicher Versuch von einer Nutzergruppe gestartet, die sich unter dem Namen »Six Degrees of Separation – The Experiment« zusammenfand. Jedes neue Mitglied wurde dazu aufgefordert, sechs seiner als Freunde gelisteten Kontakte zur Teilnahme einzuladen. Die Überprüfung, ob sich über sechs Ecken tatsächlich eine Verbindung zwischen allen Mitgliedern herstellen ließ, erwies sich jedoch als unmöglich und der Eintrag wurde gelöscht. Danach bemühte sich aber bald schon eine neue Gruppe darum, den Nachweis zu erbringen.

2008 erklärte Microsoft die Theorie für zutreffend. Bei einer Weltbevölkerungszahl von heute rund sieben Milliarden Menschen ist es schwer vorstellbar, dass jeder mit jedem über eine Beziehungskette von nur sechs Personen in Verbindung stehen soll. Und doch fanden Forscher von Microsoft Research heraus, dass die Theorie erstaunlich genau den Tatsachen entspricht. Die Auswertung vieler Millionen elektronischer Nachrichten erbrachte, dass die Entfernung zwischen allen Nutzern im Durchschnitt 6,6 Grade der Trennung betrug. Das heißt also, dass Sie über eine Beziehungskette von höchstens sieben Personen mit Madonna, dem Dalai Lama und der Queen in Verbindung stehen.

Wie es in einem Artikel der *Washington Post* hieß, werteten die Microsoft-Forscher 30 Milliarden elektronische Nachrichten von 180 Millionen Menschen aus, die über das Microsoft-Instant-Messenger-System versendet wurden. Es war das erste Mal, dass ein soziales Netzwerk Aufschluss über die weltumspannenden Kommunikationsabläufe geben konnte. Für die Studie, die unter dem Titel »Planetary-Scale Views on an Instant Messaging Network« veröffentlicht wurde, analysierten die Forscher alle Instant-Message-Nachrichten, die im Juni 2006 weltweit versendet wurden. Die Datenmenge entsprach ungefähr der Hälfte aller der zu diesem Zeitpunkt über vergleichbare Systeme ausgetauschten Nachrichten.

Das internationale Karriere-Netzwerk LinkedIn dient ebenfalls dem Zweck, Geschäftskontakte zu pflegen und neue Verbindungen zu knüpfen. LinkedIn ermutigt die Nutzer dazu, Nachrichten an ihre Kontakte ersten Grades zu versenden, die diese wiederum an ihre Kontakte ersten Grades weiterleiten können und so weiter.

Auf der Plattform Twitter schließen sich die Nutzer auf der Grundlage von Kurznachrichten zusammen, folgen einander und erweitern auf diese Weise ihre persönlichen Netzwerke. Laut einer Studie des Social-Media-Monitoring-Anbieters Sysomos, bei der 5,2 Milliarden Twitter-Verbindungen untersucht wurden, sind Twitter-Nutzer im Durchschnitt über 4,67 Ecken miteinander verbunden. Rund die Hälfte aller registrierten Twitter-Nutzer ist über eine Kette von vier Personen verbunden, und bei keinem besteht die Kette aus mehr als fünf Personen.

Nigels andere Lieblingswitze

Nigel hat noch einige weitere Witze auf Lager, über die zumindest er lachen kann (aber die Geschmäcker sind ja bekanntlich verschieden). Nichtsdestotrotz will ich sie Ihnen natürlich nicht vorenthalten.

Der innovative Bauer

Bei Tempo 80 fällt einem Autofahrer ein Huhn auf, das auf dem Seitenstreifen neben ihm rennt und die Geschwindigkeit locker mithält. Er traut seinen Augen nicht und beschleunigt auf 100 Kilometer pro Stunde, doch das Huhn bleibt mühelos neben ihm. Er gibt noch mehr Gas, und bei Tempo 120 überholt ihn das Huhn sogar! Dabei sieht der Mann, dass es auf drei Beinen rennt und die Autobahn an der nächsten Ausfahrt verlässt. Neugierig geworden fährt der Mann dem Federvieh nach und folgt ihm bis zu einem Bauernhof. Er steigt aus dem Auto und sieht, dass auf dem Hof nur dreibeinige Hühner herumlaufen.

Verwundert fragt er den Bauern, was es mit diesen seltsamen Hühnern auf sich hat.

»Ganz einfach«, sagt der Bauer. »Hähnchenschenkel finden reißenden Absatz, daher züchte ich dreibeiniges Federvieh. Diese Geschäftsidee wird mich schon bald zum Millionär machen.«

Daraufhin erkundigt sich der Mann, ob das Fleisch der neuen Züchtung denn auch gut schmeckt.

»Keine Ahnung«, gibt der Bauer zu, »die Viecher sind so schnell, dass ich noch nie eines erwischt habe, um es zu schlachten.«

Die Moral von der Geschichte: Innovative Ideen sind prima, sollten jedoch zu Ende gedacht werden.

Vom richtigen Umgang mit Nervensägen

Ein älterer Herr geht in Rente und kauft sich ein kleines Häuschen in der Nähe einer Schule. Drei Wochen lang herrscht himmlische Ruhe, dann beginnt das neue Schuljahr.

Als der erste Schultag zu Ende ist, hört der Rentner einen Höllenlärm vor dem Haus. In jugendlichem Übermut laufen drei Bengel durch seine Straße und trommeln dabei auf sämtlichen Mülltonnen herum, an denen sie vorbeikommen. Das ohrenbetäubende Getrommel wiederholt sich Tag für Tag, und so tüftelt der Rentner einen klugen Plan aus, um endlich wieder seine Ruhe zu haben.

Als er die kleinen Trommler das nächste Mal kommen hört, tritt er auf die Straße und spricht sie an: »Ihr macht das ganz großartig, und ich freue mich, dass ihr eure übersprudelnde Lebensfreude durch das Getrommel zum Ausdruck bringt. Als ich in eurem Alter war, habe ich genau dasselbe getan. Wisst ihr was? Wenn ihr mir versprecht, jeden Tag kräftig auf allen Mülltonnen herumzutrommeln, zahle ich jedem von euch einen Dollar.«*

Dieser Aufforderung kommen die Kinder natürlich gern nach, und wie vereinbart veranstalten sie jedes Mal einen Höllenlärm, sobald die Schule aus ist. Nach einigen Tagen aber verkündet der Rentner ihnen mit bedauernder Miene:

---

* Das Währungs-Dilemma! Einerseits möchte ich Leser auf der ganzen Welt erreichen, doch für eine Währung muss ich mich ja entscheiden. Stellen Sie sich an dieser Stelle bitte vor, hier stünde Ihre Landeswährung, in Ordnung?

»Meine Rente reicht mir hinten und vorne nicht. Ich muss wirklich sparsamer haushalten, daher kann ich euch ab heute nur noch 50 Cent für das Getrommel bezahlen.«

Die kleinen Bengel sind enttäuscht, lassen sich aber darauf ein und machen brav weiterhin Lärm. Der schlaue Rentner lässt wieder einige Tage vergehen, bis er die Jungs erneut anspricht:

»Ach Kinder«, seufzt er, »es tut mir wirklich leid, aber mir geht einfach das Geld aus. Ich kann euch ab jetzt nur noch 25 Cent für eure Trommelmusik bezahlen. Einverstanden?«

»Was, nur 25 Cent?«, ruft der Wortführer der Rasselbande entrüstet. »Wenn Sie sich einbilden, wir trommeln für so gut wie nichts auf diesen blöden Mülltonnen herum, haben Sie sich aber geschnitten! Das kommt überhaupt nicht in die Tüte, vergessen Sie es!«

Und von da an lebt der Rentner in himmlischer Ruhe bis ans Ende seiner Tage.

Die Moral von der Geschichte: Mit einer cleveren Strategie und ein bisschen Geduld lässt sich jedes Problem dauerhaft aus der Welt schaffen.

Wieso so kompliziert, wenn es auch einfach geht?

Der einsame Cowboy namens Lone Ranger und sein Indianergefährte Tonto kampieren in der Wüste. Sie schlagen ihr Zelt auf und sinken in tiefen Schlaf.

Einige Stunden später weckt Tonto den Lone Ranger und sagt: »Kemo Sabe, schau nach oben, was du sehen?«

»Ich sehe Millionen von Sternen«, antwortet der Lone Ranger.

»Was dir das sagen?«, fragt Tonto.

Nach reiflicher Überlegung antwortet der Lone Ranger: »Astronomisch gesehen sagt es mir, dass es Millionen von Galaxien und Milliarden von Planeten gibt. Astrologisch gesehen sagt es mir, dass der Saturn im Löwen steht. Vom theologischen Standpunkt aus betrachtet wird mir klar, dass der Herr allmächtig ist und wir klein und unbedeutend sind. Meteorologisch gesehen spricht alles dafür, dass wir morgen wunderbares Wetter haben werden. Was sagt es dir, Tonto?«

»Du sein Dummbüffel! Es mir sagen, jemand hat gestohlen unser Zelt.«

Die Moral von der Geschichte: Warum um viele Ecken denken, wenn die Lösung auf der Hand liegt?

Finanzplanung

Dan ist ein Junggeselle, der noch bei seinem Vater wohnt und im Familienbetrieb mitarbeitet.

Eines Tages findet er heraus, dass er beim Tod seines alten, kränklichen Vaters ein Vermögen erben wird, und beschließt, sich eine Frau zu suchen, mit der er sein Lebensglück teilen kann. Eines Abends trifft er bei einem Investment-Meeting die Frau seiner Träume, deren Schönheit ihm den Atem raubt.

»Im Moment bin ich noch ein ganz gewöhnlicher Typ, der Ihnen nichts Besonderes zu bieten hat«, sagt er zu ihr, »aber wenn mein alter Vater in ein paar Jahren stirbt, erbe ich seine Millionen.«

Die schöne Frau zeigt sich interessiert und bittet ihn um seine Visitenkarte. Nur drei Tage später ist sie seine Stiefmutter.

Die Moral von der Geschichte: Wissen ist Macht (und Frauen sind in Sachen Finanzplanung einfach besser als Männer).

Logik (und ihre Tücken)

Ein Logiker rettet einem freundlichen, kleinen Außerirdischen das Leben.

Zur Belohnung schlägt das allwissende Wesen aus dem All vor, dem Logiker eine beliebige Frage zu beantworten. Der Logiker muss nicht lange darüber nachdenken (ist ja logisch), um sich für eine vermeintlich besonders schlaue Frage zu entscheiden: »Was ist die beste Frage, die man in einem solchen Augenblick stellen kann, und wie lautet die Antwort darauf?«

Der Außerirdische grübelt eine Weile nach, bevor er verkündet:

»Die beste Frage ist die, die du gerade gestellt hast, und die richtige Antwort darauf ist die, die ich dir soeben gebe.«

Die Moral von der Geschichte: Das Leben ist nicht immer fair (und ein Außerirdischer auch nicht).

Ist das Glas halb voll oder halb leer? (Kommt darauf an, wen man fragt)

Einige Sichtweisen kennen Sie schon.

- Der Optimist sagt, es ist halb voll.
- Der Pessimist sagt, es ist halb leer.
- Der Nächste sagt, es ist doppelt so groß wie notwendig.

Aber kennen Sie diese?

- Der Realist sagt, es passt noch einmal dieselbe Menge an Wasser in das Glas, bevor es überläuft.

- Der Zyniker fragt sich, wer es zur Hälfte leer getrunken hat.

- Der Lehrer behauptet, die Frage sei nicht, wie viel, sondern ob überhaupt etwas in dem Glas ist.

- Dem Vortragsredner ist es piepegal. Er stellt seinem Publikum die Frage nur, weil ihm die Diskussion zehn Minuten Zeit verschafft, in denen er hoffentlich herausfindet, warum seine PowerPoint-Präsentation nicht startet.

- Die gestresste Mutter, deren Fünfjähriger sie mit dieser Frage löchert, sagt, er kann es sich aussuchen, wie er es sehen will, Hauptsache, er lässt sie mal fünf Minuten in Ruhe.

- Der Nörgler beschwert sich, dass ihm niemand gesagt hat, was das Glas enthält, und verlangt, dass es sofort aufgefüllt wird.

- Der Besorgte hat Angst, dass der Rest bis morgen verdunstet ist.

- Der Unternehmer bedauert, dass das Glas nur die Hälfte seines Potenzials nutzt.

- Der Computerspezialist verkündet, dass im kommenden Jahr die doppelte Glaskapazität zur Hälfte der Kosten möglich ist, sich der Gesamtpreis aber dennoch um 50 Prozent erhöht.

- Der Logiker sagt, es komme ganz darauf an: Befindet sich das Glas im Befüllungsprozess, ist es halb voll, befindet es sich im Entleerungsprozess, ist es halb leer. Sollte über den Prozess nichts bekannt sein, müsse man sagen, das Glas enthielte zu gleichen Teilen Flüssigkeit und Gas, deren Trennlinie exakt in der Mitte zwischen unterem und oberem Rand verliefe, vorausgesetzt, das Glas stünde auf einer ebenen Oberfläche und wäre zylinderförmig. Sei dies nicht der Fall, verliefe die Trennlinie zwischen Flüssigkeit und Gas exakt in der Mitte zweier gleich großer Glashälften, die sich über das Gesamtvolumen besagten Glases ermitteln ließen.

- Der Wissenschaftler sagt, man dürfe sich bei der Einschätzung keinesfalls auf bloßes Augenmaß verlassen. Man müsse die Füllstandshöhe am Glasrand markieren, den Inhalt in ein größeres Glas umfüllen, das ursprüngliche Glas bis zur Markierung mit Wasser füllen und anschließend die umgefüllte Menge wieder hinzugeben. Fließt das Wasser nun über, war das Glas mehr als halb voll, wird der obere Glasrand jedoch nicht erreicht, war es mehr als halb leer. Wird der obere Glasrand erreicht, ohne dass auch nur ein Tropfen überfließt, war es ursprünglich entweder halb voll oder halb leer, je nachdem, wie man es sehen will.

- Der Sprachgelehrte sagt, in der Umgangssprache seien die Beschreibungen »halb voll« und »halb leer« zwar geläufige Begriffe, genau genommen bezeichneten »voll« und »leer« jedoch absolute Zustände, und etwas Absolutes könne man nicht halbieren.

- Für den Kellner dagegen ist ein halb leeres Glas immer ein leeres Glas, das sofort durch ein volles Glas inklusive Rechnung ersetzt werden muss.

- Der Zauberer hat einen tollen Trick auf Lager, der das Wasser in die obere Glashälfte zaubert.

- Der Physiker versteht die Frage überhaupt nicht, denn für ihn ist das Glas zur Hälfte mit Wasser und zur Hälfte mit Luft gefüllt und somit eindeutig randvoll.

- Der planlose Topmanager setzt die Frage auf die Tagesordnung der nächsten Vorstandssitzung. Dabei wird beschlossen, einen Arbeitskreis zur Problemlösung zu bilden und Verantwortliche für die Ursachenanalyse zu benennen, die man über die Hintergründe ihrer Aufgaben im Dunkeln lässt, weil das volle Ausmaß der Problematik ihre Kompetenzen übersteigt.

Danksagung

Das Konzept des »produktiven Faulenzens« scheint bei vielen Leuten unglaublich gut angekommen zu sein. Ich möchte mich deshalb bei allen bedanken, die mich bisher unterstützt und ermutigt haben. Dass es nun schon wieder ein Buch zu diesem Thema gibt, ist also ganz allein ihr Verdienst – oder ihre Schuld, je nachdem, wie man es betrachten will.

Normalerweise folgt an dieser Stelle eine lange Auflistung derjenigen, denen mein Dank gebührt, doch unter Einhaltung meiner eigenen »Faulenzerprinzipien« mache ich es kurz: Liebe Leute, ihr wisst selbst, wer ihr seid und was ihr für mich getan habt, und ich bin euch allen unendlich dankbar. Und da dies glücklicherweise keine Oscar-Dankesrede ist, muss ich hier auch nicht weiter auf den enormen Beitrag eingehen, den mein Goldfisch zum Gelingen dieses Buchs leistete.

Und schon ist die Danksagung fertig, ohne dass ich befürchten muss, jemanden vergessen zu haben.

Meinen aufrichtigen Dank noch einmal all den Menschen, die mich in den vergangenen Jahren mehr oder weniger stark beeinflusst und mein Leben mitgestaltet haben. Wer weiß, wie erfolgreich ich ohne euer Zutun hätte sein können.

Ich danke euch allen. Macht es euch so bequem und gemütlich wie möglich!

Register

Der Autor

Kurzprofil

Peter Taylor ist ein international erfolgreicher Projektmanager und Wirtschaftsexperte, der sich durch scharfsinnigen Sachverstand und mitreißende Dynamik auszeichnet.

Er ist zudem ein sehr gefragter Vortragsredner mit überzeugenden kommunikativen Fertigkeiten und Autor der Bücher *Projektmanagement für Faulenzer* (GABAL) und *Leading Successful PMOs* (Gower, nur in englischer Sprache erhältlich).

Mehr über Peter Taylor erfahren Sie auf seiner englischsprachigen Webseite unter www.thelazywinner.com.

Sie möchten Peter Taylor als Vortragsredner buchen?

Wenn Sie Peter live erleben möchten, lässt er sich sicher gern dazu überreden, sich aus seinem bequemen Sessel zu erheben und Sie in Ihrem Unternehmen zu besuchen. Nehmen Sie doch einfach über seine Webseite unter www.thelazywinner.com Kontakt mit ihm auf. Hier können Sie auch nachlesen, welche Workshops und Seminare zurzeit angeboten werden, um so schnell und bequem wie möglich auf produktiv faule Weise Erfolg zu haben.

Stimmen zufriedener Klienten

»Meine Erwartungen waren sehr hoch, und er hat sie in jeder Hinsicht erfüllt!«

»Er ist nicht nur ein überaus unterhaltsamer Redner, sondern auch noch ein weltbekannter Autor ... Peter stand in unserem Unternehmen schon mehrmals am Rednerpult, und jedes Mal hat er sein Publikum begeistert. Sein Buch ist ebenfalls lesenswert! Wenn Sie wissen wollen, wie er neben seinem Vollzeitjob auch noch die Zeit zum Schreiben findet, lesen Sie es!«

»Peters Präsentation war so unterhaltsam und informativ, dass alle enttäuscht waren, dass es nur eine Kurzpräsentation war!«

»Peter ist ein großartiger Redner, der es versteht, sein Publikum zu fesseln.«

»Peters Vortrag zeigte eine nachhaltig positive Wirkung. Ich werde ihn sofort wieder buchen, wenn wir noch einmal jemanden brauchen, der uns aufrüttelt und mitreißt.«

»Peters Erfahrungsschatz, sein fundiertes Fachwissen und sein Engagement haben uns sehr beeindruckt. Er versteht es, Sachverhalte nachvollziehbar und mit viel Humor auf den Punkt zu bringen. Das Feedback der Teilnehmer war durchweg positiv, und wir freuen uns schon darauf, Peter auf einer unserer nächsten Veranstaltungen wieder begrüßen zu dürfen.«

»Peters angenehm unaufdringliche, selbstironische Art macht seine Auftritte als Redner zu einem unvergesslichen Ereignis. Wer einen großartigen Redner für Geschäftsveranstaltungen sucht, ist bei ihm an der richtigen Adresse.«

»Durch starke Präsenz und inhaltliche Aussagekraft gelingt es Peter, die Aufmerksamkeit seines Publikums vom ersten Moment an zu fesseln. Die Resonanz der Teilnehmer war enorm. Wer eine Veranstaltung dieser oder ähnlicher Art plant, sollte unbedingt Peter als Redner einladen.«

»Peters humorvoller, mitreißender Vortragsstil fesselte uns alle vom ersten bis zum letzten Moment. Unglaublich, wie produktiv und vergnüglich faulenzen sein kann! Er versprühte eine ganz unglaubliche Energie und Dynamik und lieferte eine Vorstellung auf der Bühne ab, die uns alle begeisterte.«

»Suchen Sie sich den bequemsten Sessel, den Sie finden können, und lesen Sie dieses Buch. Und dann liegt es ganz allein in Ihrer Hand, die Erfolgsstrategien für Faulenzer umzusetzen, um Ihrem Leben eine gemütliche neue Wendung zu geben.«

IHR ENTSPANNTER FAULPELZ, 2013